职业院校潍柴博世校企合作项目教材

柴油机构造与维修

李清民　栾玉俊　**主　编**
李秀峰　刘洪勇　孙　凯　**副主编**

人民交通出版社股份有限公司
China Communications Press Co.,Ltd.

内 容 提 要

本教材借助潍柴博世的订单式培养项目，采用任务驱动教学法，较系统地阐述了柴油机结构、工作原理与检修方法。教材以潍柴集团生产的WP10柴油机为例，既阐述一般发动机构造与检修内容，又重点突出了大功率柴油机特有的结构和检修方法。

本书分为10个学习模块，包括柴油机基础知识，曲柄连杆机构结构与拆装，配气机构结构与拆装，进、排气系统结构与拆装，冷却系统结构与拆装，润滑系统结构与拆装，后处理系统结构与拆装，柴油机检修与装配，柴油机使用与维护，柴油机故障诊断等。

本书可作为职业院校汽车运用与维修专业（商用车方向）的教材，也可作为汽车、机电从业人员岗位培训教材和汽车专业技术人员参考用书。

图书在版编目（CIP）数据

柴油机构造与维修／李清民，栾玉俊主编. —北京：人民交通出版社股份有限公司，2018.6
ISBN 978-7-114-14700-5

Ⅰ.①柴… Ⅱ.①李… ②栾… Ⅲ.①柴油机—构造—高等职业教育—教材 ②柴油机—维修—高等职业教育—教材 Ⅳ.①TK42

中国版本图书馆 CIP 数据核字（2018）第 097636 号

书　　名：	柴油机构造与维修
著 作 者：	李清民　栾玉俊
责任编辑：	张一梅
责任校对：	孙国靖
责任印制：	刘高彤
出版发行：	人民交通出版社股份有限公司
地　　址：	（100011）北京市朝阳区安定门外外馆斜街 3 号
网　　址：	http://www.ccpcl.com.cn
销售电话：	（010）59757973
总 经 销：	人民交通出版社股份有限公司发行部
经　　销：	各地新华书店
印　　刷：	北京建宏印刷有限公司
开　　本：	787×1092　1/16
印　　张：	15.5
字　　数：	360 千
版　　次：	2018 年 6 月　第 1 版
印　　次：	2024 年 8 月　第 2 次印刷
书　　号：	ISBN 978-7-114-14700-5
定　　价：	39.00 元

（有印刷、装订质量问题的图书，由本公司负责调换）

职业院校潍柴博世校企合作项目教材编审委员会

主　　任：李绍华

副 主 任：李秀峰　栾玉俊　陈　键

委　　员：（按姓名拼音顺序）

鞠吉洪　李　波　李鹏程　李正銮　刘岸平

刘海峰　刘洪勇　刘江伟　王　成　王桂凤

王晓哲　王玉刚　王振龙　吴芷红　叶小朋

张　旭　张利军　张润林　周　弘　周新勇

丛书主审：李景芝

组织单位：济南英创天元教育科技有限公司

支持单位：潍柴动力股份有限公司

　　　　　博世汽车服务技术（苏州）有限公司

　　　　　北京福田戴姆勒汽车有限公司

　　　　　山东交通学院

　　　　　扬州大学

前言

据统计，截至2017年年底，全国机动车保有量达3.1亿辆；2017年，全国汽车保有量达2.17亿辆，与2016年相比，全年增加2304万辆，增长11.85%。从车辆类型看，载客汽车保有量达1.85亿辆；载货汽车保有量达2341万辆，商用车保有量的增加幅度较大。

随着商用车市场的发展、保有量的不断增加和技术革命的到来，后市场从业人员的素质、技术、管理等均需与行业的发展相匹配，商用车后市场人才匮乏的问题日益凸显。

作为商用车使用大国，我国拥有众多优秀的自主品牌，为适应我国柴油机排放要求提高的新形势，满足商用车行业对技术人才的迫切需求，济南英创天元教育科技有限公司组织来自全国各职业技术院校的专业教师，紧密结合目前商用车运用与维修专业教学需求，编写了职业院校潍柴博世校企合作项目教材。

在本系列教材启动之初，中国汽车维修行业协会在潍柴动力股份有限公司、博世汽车技术服务(中国)有限公司以及济南英创天元教育科技有限公司的支持下组织召开了商用车暨柴油动力人才培养交流会，邀请行业内专家以及各职业院校对该专业的人才培养模式和教材编写大纲进行了商讨。教材初稿完成后，每种教材由一名企业专家或业内知名教授进行主审，编写团队根据主审意见修改后定稿，实现了对书稿编写全过程的严格把关。

2016年11月，为落实与教育部所签订的协议，潍柴集团与博世公司在校企合作、人才培养方面达成共识，结成战略合作伙伴。依托双方在柴油动力领域行业地位和领先技术，着力打造最强校企合作班校企合作项目(英文缩写"WBCE")和最先进的实训中心，推进合作院校商用车专业建设，为我国商用车暨柴油动力后市场培养高端维修人才。

《柴油机构造与维修》是汽车类专业的重要专业课程。本书以潍柴集团生产的WP10柴油发动机为例，按照发动机基本构造分成10个学习模块，系统地阐述了柴油发动机结构、工作原理与检修方法。本书编写模式为任务驱动教学法，对发动机相关知识的学习和掌握提供了最具指导意义的学习材料，为学生今后从事汽车行业后市场工作打下了坚实基础。

本课程的建议学时为：

模块内容	建议学时
学习模块1　柴油机基础知识	16
学习模块2　曲柄连杆机构结构与拆装	20
学习模块3　配气机构结构与拆装	12
学习模块4　进、排气系统结构与拆装	10
学习模块5　冷却系统结构与拆装	8
学习模块6　润滑系统结构与拆装	8
学习模块7　后处理系统结构与拆装	12
学习模块8　柴油机检修与装配	18
学习模块9　柴油机使用与维护	18
学习模块10　柴油机故障诊断	22
学时合计	144

本书由李清民、栾玉俊担任主编，李秀峰、刘洪勇、孙凯担任副主编。参与本书编写的还有王成、叶小朋、李勇、贾长军、包海涛、王根华、焦时伟、李庆峰、管丽芳。

本书在编写过程中，得到了潍柴集团及许多相关企业单位、专家和工程技术人员的大力支持和帮助。除了所列参考文献外，本书还参考了许多国内出版、发表的报刊、网站等相关内容，在此对原作者、编译者表示由衷感谢。由于编者水平有限，本书疏漏与不妥之处，恳请专家和读者指正。

编　者
2018年5月

目录
CONTENTS

学习模块 1　柴油机基础知识 ………………………………………………………………… 1
　　学习任务 1.1　WP10 柴油机概念认知 ……………………………………………………… 2
　　学习任务 1.2　WP10 柴油机附件拆解 …………………………………………………… 14

学习模块 2　曲柄连杆机构结构与拆装 …………………………………………………… 23
　　学习任务 2.1　机体组结构与拆装 ………………………………………………………… 24
　　学习任务 2.2　活塞连杆组结构与拆装 …………………………………………………… 41
　　学习任务 2.3　曲轴飞轮组结构与拆装 …………………………………………………… 59

学习模块 3　配气机构结构与拆装 ………………………………………………………… 74
　　学习任务 3.1　配气机构结构与拆装 ……………………………………………………… 74

学习模块 4　进、排气系统结构与拆装 …………………………………………………… 95
　　学习任务 4.1　进、排气系统结构与拆装 ………………………………………………… 95

学习模块 5　冷却系统结构与拆装 ………………………………………………………… 114
　　学习任务 5.1　冷却系统结构与拆装 ……………………………………………………… 115

学习模块 6　润滑系统结构与拆装 ………………………………………………………… 129
　　学习任务 6.1　润滑系统结构与拆装 ……………………………………………………… 129

学习模块 7　后处理系统结构与拆装 ……………………………………………………… 146
　　学习任务 7.1　后处理系统结构与拆装 …………………………………………………… 146

学习模块 8　柴油机检修与装配 …………………………………………………………… 163
　　学习任务 8.1　WP10 柴油机检修与装配 ………………………………………………… 163

学习模块 9　柴油机使用与维护 …………………………………………………………… 179
　　学习任务 9.1　柴油机使用与维护 ………………………………………………………… 179

学习模块 10　柴油机故障诊断 …………………………………………………………… 198
　　学习任务 10.1　柴油机常见故障及诊断 ………………………………………………… 198
　　学习任务 10.2　发动机后处理系统故障诊断 …………………………………………… 214
　　学习任务 10.3　潍柴智多星诊断设备应用 ……………………………………………… 225

参考文献 …………………………………………………………………………………… 240

学习模块 1　柴油机基础知识

模块概述

柴油机是一种由多机构和多系统组成的复杂机器。柴油机需要完成能量转换、实现工作循环、保证长时间连续正常工作。

柴油机一般包括曲柄连杆机构、配气机构、燃料供给系统、进排气系统、冷却系统、润滑系统、后处理系统和起动系统。潍柴 WP10 柴油发动机(以下简称 WP10 柴油机)外形如图 1-0-1 所示,总体构造如图 1-0-2 所示。

图 1-0-1　WP10 柴油机外形图

1)曲柄连杆机构

曲柄连杆机构分为机体组、活塞连杆组、曲轴飞轮组,它能将活塞的往复运动转换为曲轴的旋转运动,从而实现热能向机械能的转换,曲轴飞轮组还承担着柴油机功率输出的功能。

2)配气机构

配气机构分为气门组和气门传动组,它能根据柴油机各缸的工作顺序要求定时向柴油机汽缸内提供充足而干净的新鲜空气,并将燃烧后的废气排出汽缸体。

3)燃料供给系统

燃料供给系统主要由柴油箱、低压油管、输油泵、滤清器、高压油泵、高压油管及喷油器等零部件组成。它能按照柴油机工作循环所规定的时间及柴油机负荷情况,向柴油机汽缸内喷入适量的柴油。

4)进排气系统

进排气系统的作用是,在柴油机进行工作循环时,不断地将新鲜空气送入燃烧室,又将燃烧后的废气排到大气中,保证发动机连续运转。

5)润滑系统

润滑系统将清洁的润滑油以一定的压力不间断地送到柴油机各摩擦表面或高温零件冷却表面,以减小摩擦阻力和减轻零件的磨损,并带走摩擦时产生的热量和金属屑,以及高温零件的热量,保证柴油机长期可靠工作。

6)冷却系统

冷却系统对柴油机的高温零件进行适当冷却,以保证其正常的工作温度,这也是保证柴油机长期可靠工作的必要条件之一。

7)起动系统

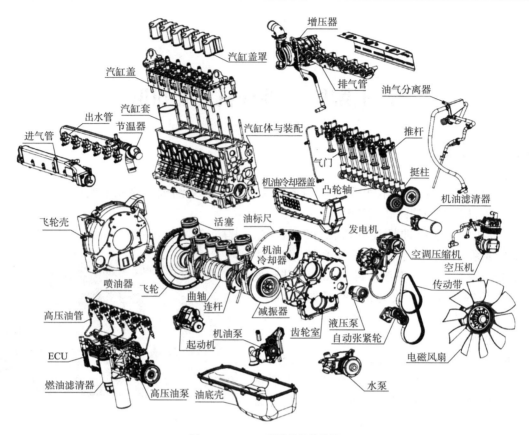

图 1-0-2　WP10 柴油机总体构造

起动系统为柴油机的起动提供外部动力,并保证起动的安全性和可靠性。

8) 后处理系统

后处理系统能将柴油机燃烧产生的有害物质进行转化,以保证排放满足国家环保法规的需要。

【建议学时】

16 学时。

学习任务 1.1　WP10 柴油机概念认知

任务目标

通过本任务的学习,应能:

1. 掌握柴油机的总体组成。
2. 掌握四冲程柴油机工作过程和工作原理。
3. 掌握柴油机主要技术性能参数。

任务导入

客户王先生想购买一台重型载货汽车,来到某特约经销店。王先生询问的一款车,匹配的是 WP10 柴油机,他特别注重发动机的使用性能,进而咨询了发动机的类型、结构、性能参数,同时又特别提到一个问题,柴油机能否在高速行驶时获得较强的动力。

一般情况下,货车按总质量确定发动机排量。发动机排量一定,各工况下动力性能即已确定。采用废气涡轮增压技术,使得大排量发动机较自然吸气发动机在高速行驶时进气量更多,具有更强的动力性。

任务准备

1. 柴油机基本术语

1)上止点、下止点及活塞行程

从图 1-1-1 中可以看出,活塞在汽缸中上下移动一个行程,曲轴旋转一周。活塞顶端离曲轴旋转中心最远处,称为上止点。活塞顶端离曲轴中心最近处,称为下止点。上、下止点间的距离 S 称为活塞行程。连杆轴颈中心到曲轴轴颈中心的距离 R 称为曲柄半径。汽缸中心线通过曲轴中心线的内燃机,其活塞行程等于曲柄半径的两倍,即 $S=2R$。

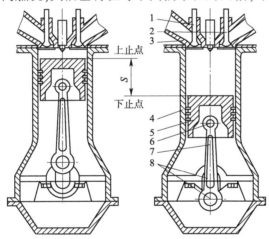

图 1-1-1 往复活塞式内燃机

1-排气门;2-进气门;3-汽缸盖;4-汽缸;5-活塞;6-活塞销;7-连杆;8-曲轴

2)汽缸工作容积

上、下止点所包容的汽缸容积称为汽缸工作容积,用 V_s 表示。

$$V_s = \frac{\pi D^2}{4 \times 10^6} S \quad (\text{L}) \qquad (1\text{-}1\text{-}1)$$

式中:D——汽缸直径,mm;

S——活塞冲程,mm。

3)内燃机排量

内燃机所有汽缸工作容积的总和称为内燃机排量,用 V_L 表示。

$$V_L = iV_s = \frac{\pi D^2}{4 \times 10^6} S_i \quad (L) \tag{1-1-2}$$

式中：i——汽缸数；

V_s——汽缸工作容积，L。

内燃机排量表示内燃机做功的能力，在内燃机其他参数相同的前提下，内燃机排量越大，所发出的功率就越大。

4）燃烧室容积

活塞位于上止点时的汽缸容积称为燃烧室容积，也称压缩容积，用 V_c 表示。

5）汽缸总容积

汽缸工作容积与燃烧室容积之和称为汽缸总容积，用 V_a 表示。

$$V_a = V_s + V_c \tag{1-1-3}$$

6）压缩比

汽缸总容积与燃烧室容积之比称为压缩比，用 ε 表示。

$$\varepsilon = \frac{V_a}{V_c} = \frac{V_s + V_c}{V_c} = 1 + \frac{V_s}{V_c} \tag{1-1-4}$$

压缩比表示汽缸中气体被压缩的程度。

2. 柴油机基本工作原理

四冲程柴油机的工作循环包括：进气、压缩、做功和排气四个行程，如图1-1-2所示。

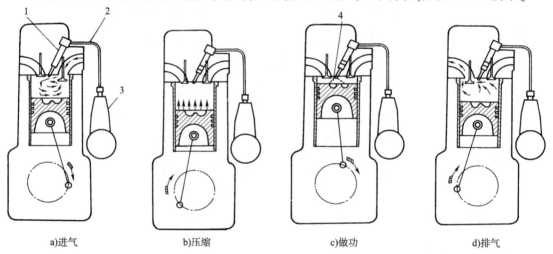

a) 进气　　　　b) 压缩　　　　c) 做功　　　　d) 排气

图1-1-2　四冲程柴油机工作原理示意图

1-喷油器；2-高压油管；3-喷油泵；4-燃烧室

1）进气行程

在柴油机进气行程中，被吸入汽缸的只是纯净的空气，如图1-1-2a）所示。由于柴油机进气系统阻力较小，残余废气的温度较低，因此进气行程结束时汽缸内气体的压力较高，为 0.085~0.095MPa；温度较低，为 310~340K。

2）压缩行程

因为柴油机的压缩比大，所以压缩行程终了时气体压力可高达 3~5MPa，温度可达

750~1000K,如图1-1-2b)所示。

3)做功行程

在压缩行程结束时,喷油泵将柴油泵入喷油器,并通过喷油器喷入燃烧室,如图1-1-2c)所示。因为喷油压力很高,喷孔直径很小,所以喷出的柴油呈细雾状。细微的油滴在炽热的空气中迅速蒸发汽化。借助空气的运动,迅速与空气混合形成可燃混合气。由于汽缸内的温度远高于柴油的自燃点,因此柴油随即自行着火燃烧。燃烧气体的压力、温度迅速升高,体积急剧膨胀。在气体压力的作用下,活塞推动连杆,连杆推动曲轴旋转做功。

在做功行程中,燃烧气体的压力可达6~9MPa,温度可达1800~2200K。做功行程结束时,压力为0.2~0.5MPa,温度为1000~1200K。

4)排气行程

排气终了时汽缸残余废气的压力为0.105~0.12MPa,温度为700~900K,如图1-1-2d)所示。

3. 柴油机主要技术性能参数

发动机的性能指标用来表征发动机的性能特点,并作为评价各类发动机性能优劣的依据。

1)动力性指标

动力性指标是表征发动机做功能力大小的指标,一般用发动机的有效转矩、有效功率、转速和平均有效压力等作为评价发动机动力性好坏的指标。

(1)有效转矩。

发动机对外输出的转矩称为有效转矩,记作T_e,单位为N·m。有效转矩与曲轴角位移的乘积即为发动机对外输出的有效功。

(2)有效功率。

发动机在单位时间对外输出的有效功称为有效功率,记作P_e,单位为kW。它等于有效转矩与曲轴角速度的乘积。发动机的有效功率可以用台架试验方法测定,也可用测功器测定有效转矩和曲轴角速度,然后用式(1-1-5)计算出发动机的有效功率P_e。

$$P_e = T_e \frac{2\pi n}{60} \times 10^{-3} = \frac{T_e n}{9550} \quad \text{(kW)} \tag{1-1-5}$$

式中:T_e——有效转矩,N·m;

n——曲轴转速,r/min。

(3)发动机转速。

发动机曲轴每分钟的回转数称为发动机转速,用n表示,单位为r/min。

发动机转速的高低,关系到单位时间内做功次数的多少或发动机有效功率的大小,即发动机的有效功率随转速的不同而改变。因此,在说明发动机有效功率的大小时,必须同时指明其相应的转速。在发动机产品标牌上规定的有效功率及其相应的转速分别称作标定功率和标定转速。发动机在标定功率和标定转速下的工作状况称作标定工况。标定功率不是发动机所能发出的最大功率,它是根据发动机用途而制定的有效功率最大使用限度。同一种型号的发动机,当其用途不同时,其标定功率值并不相同。

有效转矩也随发动机工况而变化。因此,汽车发动机以其所能输出的最大转矩及其相应的转速作为评价发动机动力性的一个指标。

(4)平均有效压力。

单位汽缸工作容积发出的有效功称为平均有效压力,记作 P_{me},单位为 MPa。显然,平均有效压力越大,发动机的做功能力越强。

2)经济性指标

发动机经济性指标包括有效热效率和有效燃油消耗率等。

(1)有效热效率。

燃料燃烧所产生的热量转化为有效功的百分数称为有效热效率,记作 η_e。显然,为获得一定数量的有效功所消耗的热量越少,有效热效率越高,发动机的经济性越好。

(2)有效燃油消耗率。

发动机每输出 1kW·h 的有效功所消耗的燃油量称为有效燃油消耗率,记作 b_e,单位为 g/(kW·h)。b_e 可按下式计算:

$$b_e = \frac{B}{P_e} \times 10^3 \qquad (1-1-6)$$

式中:B——发动机在单位时间内的耗油量,kg/h,可由试验测定;

P_e——发动机的有效功率,kW。

显然,有效燃油消耗率越低,经济性越好。

4. 潍柴 WP10 柴油机主要技术性能参数示例

潍柴 WP10 柴油机各项主要性能参数,见表 1-1-1、表 1-1-2。

潍柴 WP10 柴油机性能指标 1　　表 1-1-1

形　式	液体冷却,四冲程,带排气阀制动,直喷,增压中冷
缸径/冲程(mm)	126/130
排量(L)	9.726
压缩比	17:1
点火顺序	1-5-3-6-2-4
燃油系统	电控高压共轨
排气净化装置	尿素-SCR 系统
冷态气门间隙(mm)	进气门 0.3、排气门 0.4、EVB 系统 0.25
配气相位 (气门间隙:进门 0.3mm、排气门 0.4mm 时)	进气门开,上止点前 18°～23° 进气门闭,下止点后 42°～50° 排气门开,下止点前 61°～66° 排气门闭,上止点后 20°～25°
节温器开启温度(℃)	83
起动方式	电起动
润滑方式	压力润滑
润滑油容量(L)	24

续上表

形　式		液体冷却,四冲程,带排气阀制动,直喷,增压中冷	
冷却方式		水冷强制循环	
机油压力(kPa)		350~550	
怠速机油压力(kPa)		≥100	
允许纵倾度(°)	前面/后面	长期 10/10	短期 30/30
允许横倾度(°)	排气管边/喷油泵边	长期 45/5	短期 45/30
曲轴旋转方向(从自由端看)		顺时针	

潍柴 WP10 柴油机性能指标 2　　　　　　　　　　　　　　　表 1-1-2

项　目	单　位	WP10 发动机			
发动机型号		WP10.240E40	WP10.270E40	WP10.300E40	WP10.336E40
发动机形式	—	液体冷却,四冲程,带排气阀制动,直喷,增压中冷,SCR			
排量	L	9.726			
缸径×冲程	mm×mm	126×130			
汽缸数	—	6			
每缸气门数	个	2			
喷油装置		电控高压共轨			
额定功率	kW	175	199	221	247
额定转速	r/min	1900			
最大转矩	N·m	1150	1270	1390	1500
最大转矩转速	r/min	1200~1500			1300~1600
排放水平	—	国Ⅳ			
额定功率时燃料消耗率	g/(kW·h)	≤210			
全负荷最小燃料消耗率	g/(kW·h)	195			
冷起动(不带辅助起动装置)	℃	-10			
白烟排放	不透光度	20s 急速后≤15%			
冷起动(带辅助起动装置)	℃	-30			
1m 处噪声	dB(A)	<104			
B_{10} 寿命	km	800000			

任务实施

1. 技术标准与要求

(1)试验场地须清洁、安全。

(2)以4~6人为一个试验小组,能在4h内完成此项目。

(3)在认知发动机外露零部件时,应充分考虑其基本功能。

(4)在填写发动机性能参数时,应充分考虑各参数的含义。

2.设备器材

(1)WP10柴油机若干台。

(2)WP10柴油机使用说明书和维修手册若干本。

(3)试验教室。

3.操作步骤

1)WP10柴油机外露零部件识别

WP10柴油机外形如图1-1-3所示。将图中标注序号的零件名称填入表1-1-3。

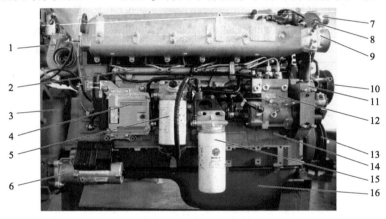

图1-1-3　WP10柴油机外形图

发动机零件名称　　　　　　　　　　　　　　　表1-1-3

序　号	附件名称	序　号	附件名称
1		9	
2		10	
3		11	
4		12	
5		13	
6		14	
7		15	
8		16	

2)WP10柴油机性能指标

将WP10柴油机主要技术性能参数填入表1-1-4、表1-1-5。

WP10柴油机性能指标1　　　　　　　　　　　　表1-1-4

形式	
缸径/冲程(mm)	
排量(L)	

续上表

压缩比			
点火顺序			
燃油系统			
排气净化装置			
冷态气门间隙(mm)			
配气相位 (气门间隙：进气门0.3mm、排气门0.4mm时)			
节温器开启温度(℃)			
起动方式			
润滑方式			
润滑油容量(L)			
冷却方式			
机油压力(kPa)			
急速机油压力(kPa)			
允许纵倾度(°)	前面/后面	长期	短期
允许横倾度(°)	排气管边/喷油泵边	长期	短期
曲轴旋转方向(从自由端看)			

WP10柴油机性能指标2 表1-1-5

项　　目	单　位	WP10柴油机			
发动机型号					
发动机形式	—				
排量	L				
缸径×冲程	mm×mm				
汽缸数	—				
每缸气门数					
喷油装置					
额定功率	kW				
额定转速	r/min				
最大转矩	N·m				
最大转矩转速	r/min				
排放水平	—				
额定功率时燃料消耗率	g/(kW·h)				
全负荷最小燃料消耗率	g/(kW·h)				
冷起动(不带辅助起动装置)	℃				
白烟排放	不透光度				
冷起动(带辅助起动装置)	℃				
1m处噪声	dB(A)				
B_{10}寿命	km				

 **知识拓展**

1. 内燃机型号编制规则

为了方便内燃机的生产管理和使用,我国颁布了《内燃机产品名称和型号编制规则》(GB 725—1991)(最新标准为 2008 年版,但潍柴系列柴油机仍沿用旧版标准,故下文引用 1991 年版标准进行介绍)。标准的主要内容如下:

(1)内燃机产品名称均按所采用的燃料命名,例如柴油机、汽油机、天然气机等。

(2)内燃机型号由阿拉伯数字、汉语拼音字母和《往复式内燃机》(GB 1883)中关于汽缸布置所规定的象形字符号组成。

(3)内燃机型号由四部分组成。

①首部:包括产品系列代号、换代符号和地方、企业代号,由制造厂根据需要自选相应字母表示,但需经行业标准化归口单位核准、备案。

②中部:由缸数符号、汽缸布置形式符号、冲程符号和缸径符号组成。

③后部:由结构特征符号和作用特征符号组成。

④尾部:区分符号。同一系列产品因改进等原因需要区分时,由制造厂选用适当符号表示。后部与尾部可用"－"分隔。

柴油机型号表示方法如图 1-1-4 所示。

型号表示方法,见表 1-1-6 ~ 表 1-1-8。

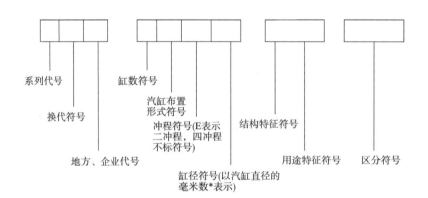

图 1-1-4 柴油机型号表示方法
注:*汽缸直径的毫米取整数

汽缸布置形式符号 表 1-1-6

符　号	含　义	符　号	含　义
无符号	多缸直列及单缸	P	平卧形
V	V 形		

结 构 特 征 符 号　　　　　　　　　　表1-1-7

符　号	结构特征	符　号	结构特征
无符号	水冷	Z	增压
F	风冷	Z_L	增压中冷
N	凝汽冷却	D_Z	可倒转
S	十字头式		

用 途 特 征 符 号　　　　　　　　　　表1-1-8

符　号	结构特征	符　号	结构特征
无符号	通用型及固定动力	D	发电机组
T	拖拉机	C	船用主机、右机基本型
M	摩托车	C_Z	船用主机、左机基本型
G	工程机械	Y	农用运输车
Q	汽车	L	林业机械
J	铁路机车		

2. 型号示例

（1）YZ6102Q：6缸直列、四冲程、缸径102mm、水冷、汽车用（YZ为扬州柴油机厂代号）。

（2）10V120FQ：10缸、V形汽缸排列、四冲程、缸径120mm、风冷、汽车用。

（3）12VE230ZC_Z：12缸、V型、二冲程、缸径230mm、水冷、增压、船用主机、左机基本型。

3. 潍柴WP10系列柴油机型号编制规则

WP10系列柴油机型号编制规则，如图1-1-5所示。

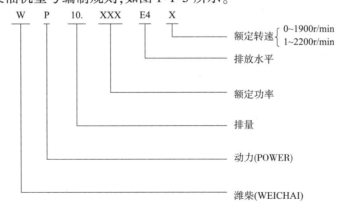

图1-1-5　WP10柴油机型号编制规则

柴油机基础知识认知评价，见表1-1-9。

柴油机基础知识认知评价表 表1-1-9

序号	内容及要求	评分	评分标准	自评	组评	师评	得分
1	准备	10	1.进入试验现场之前穿好工作服等,保证穿着整洁(5分); 2.准备好相关的材料(发动机维修手册、答题卡、纸、笔等)(5分)				
2	清洁	10	按要求清理工位				
3	专用设备与工具准备	10	检查发动机、台架等				
4	发动机附件认知	25	熟练、完整、正确地指出发动机附件名称、基本作用				
5	发动机性能参数认知	25	熟练、完整、准确地指出发动机主要性能参数值及参数的含义				
6	结论	10	结果正确,回答问题准确				
7	安全文明生产	10	结束后清洁(5分); 工量具归位(5分)				

指导教师总体评价：

指导教师_____
_____年___月___日

练一练

一、单项选择题

1.活塞在汽缸中往复上下移动一个行程,曲轴旋转(　　)。
　A.半周　　　　　B.一周　　　　　C.一周半　　　　D.两周

2.上、下止点所包容的汽缸容积称为汽缸(　　)。
　A.工作容积　　　B.总容积　　　　C.燃烧室容积　　D.比容积

3.单位汽缸工作容积发出的有效功称为(　　)。
　A.平均有效功率　B.最大功率　　　C.最大压力　　　D.平均有效压力

4.燃料燃烧所产生的热量转化为有效功的百分数称为(　　)。
　A.有效机械效率　B.总机械效率　　C.有效热效率　　D.总热效率

5.发动机每输出1kW·h的有效功所消耗的燃油量称为(　　)。
　A.燃油消耗量　　　　　　　　　　B.有效燃油消耗率
　C.燃油消耗量　　　　　　　　　　D.百公里油耗

二、多项选择题

1.一般柴油机包括(　　)。
　A.曲柄连杆机构　B.暖风装置　　　C.燃料供给系统　D.后处理系统

2. 曲柄连杆机构能( )。
　　A. 将活塞的往复运动转换为曲轴的旋转运动
　　B. 实现热能向机械能的转换
　　C. 承担着柴油机功率输出的功能
　　D. 处理废气中有害成分
3. 动力性指标是表征发动机做功能力大小的指标,一般用发动机的( )和平均有效压力等作为评价发动机动力性好坏的指标。
　　A. 平均有效压力　　　　　　B. 有效转矩
　　C. 有效功率　　　　　　　　D. 转速
4. 发动机经济性指标包括( )等。
　　A. 燃油牌号　　　　　　　　B. 有效热效率
　　C. 燃油消耗量　　　　　　　D. 有效燃油消耗率
5. YZ6102Q 表示( )水冷、汽车用(YZ 为扬州柴油机厂代号)。
　　A. 六缸直列　　　　　　　　B. 六缸 V 形
　　C. 缸径 102mm　　　　　　　D. 缸径 61mm

三、判断题

1. 上止点和下止点间的距离 S 称为回转半径。　　　　　　　　　　　　　　( )
2. 汽缸中心线通过曲轴中心线的内燃机,其活塞冲程等于曲柄半径的两倍,即 $S=2R$。
　　　　　　　　　　　　　　　　　　　　　　　　　　　　　　　　　　　( )
3. 内燃机所有汽缸燃烧室容积的总和称为内燃机排量。　　　　　　　　　　( )
4. 汽缸总容积与燃烧室容积之比称为压缩比。　　　　　　　　　　　　　　( )
5. 有效燃油消耗率越低,经济性越好。　　　　　　　　　　　　　　　　　　( )

四、分析题

1. 简述配气机构组成及作用。
2. 简述润滑系统的作用。
3. 指出图 1-1-6 中字符表达的含义。

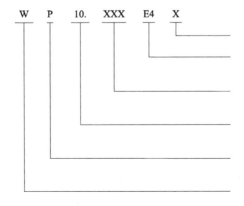

图 1-1-6　发动机编号含义

学习任务1.2　WP10柴油机附件拆解

通过本任务的学习,应能:
1. 掌握正确使用工具设备的使用方法。
2. 了解柴油机附件名称及主要用途。
3. 掌握柴油机附件拆解方法。

李先生对新购置的重型半挂车很爱惜,想了解一些关于车用柴油机的基本结构。在展示现场,李先生发现柴油机缸体侧面有一个方形的盒子。李先生纳闷:汽油发动机上为何没有此件？柴油机上这方形盒子是什么？

1. 维修现场各种标志

在分解与组装发动机时,应严格按说明进行操作,并注意标有危险标志和安全标志的操作,以确保人身安全,避免发生意外。

1)危险标志(图1-2-1)

图1-2-1a)为世界公认的警告标志。该标志用于强调相关操作信息的重要性,并让相关人员了解危险情况所带来的后果,以及避免危险发生的方法。违反警告信息的行为可能导致财产损失、人身伤害,甚至人员伤亡。警告信息按照可能导致危险后果的级别分为不同的类型:轻伤、重伤以及死亡。

图1-2-1b)标志表明一种潜在危险情况,若未能避免该情况的发生,可能导致重伤甚至死亡或者较大的财产损失。

图1-2-1c)标志表明一种潜在危险情况,若未能避免该情况的发生,可能导致轻伤或者财产损失。此警告标志同样用于危险操作的警告。

2)安全标志

安全标志如图1-2-2所示。

在柴油机拆装或维修现场,可能毫无征兆地出现许多潜在危险。因此,应当使用醒目的标志进行提示。

3)使用工具

使用工具标志如图1-2-3所示。

若使用工具不在图1-2-3的范围之内,使用者必须首先确保自身安全,避免为使用者本人或他人带来生命危险,同时保证使用、维护或维修的方法不会造成损害风险或对安全造成危害。

2. 健康保护注意事项

(1)避免长时间反复接触使用过的机油。

(2)穿好工作服、戴上防水手套。
(3)勿将浸油抹布放于衣服口袋里。

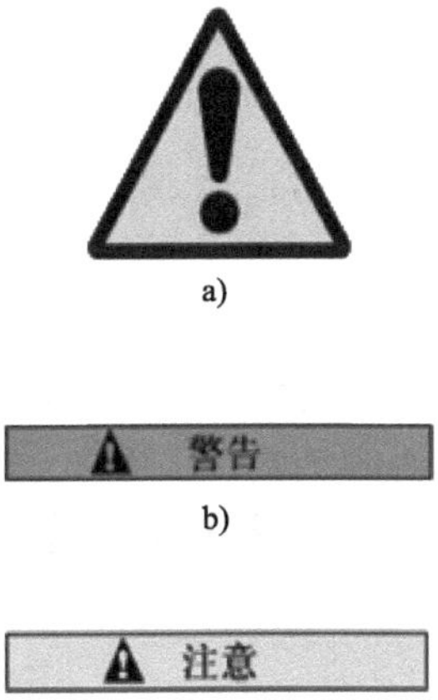

图片	定义
	戴上手部护具
	戴上耳部护具
	戴上眼部护具
	戴上头部护具
	穿上脚部护具
	戴上防护面罩
	穿防护服
	严禁明火
	禁止吸烟
	禁止使用手机
	危险：蓄电池酸液
	危险：带电电缆，触电危险
	易燃物品
	远离悬重物体
	附近有灭火器

a)

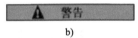
b)

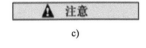
c)

图 1-2-1　危险标志

图 1-2-2　安全标志

(4)避免油液弄脏衣物。
(5)勤洗工作服,扔掉因浸有油液而无法清洗的衣物及鞋子。
(6)若割伤和受伤,立即采取急救措施。
(7)工作前一定要涂抹防护膏,以便在沾染矿物油时能更容易地清除。
(8)使用肥皂和热水,或者使用洗手液和指甲刷洗手,以便清除所有油污。
(9)不得使用汽油、煤油、燃油、稀释剂或溶剂清洁皮肤。
(10)若感到皮肤不适,立即就医。
(11)如有可能,在搬运部件前将部件去油。
(12)进行的操作可能危及双眼时,使用护目镜或护面罩。必须在随手可取之处备有眼睛冲洗液。
(13)当对发动机进行维修时,不得使油液或其他液体溅落到地上。若碳氢化合物或其他液体意外泄漏,应采取所有必要措施隔断该区域,以便保持环境清洁,保护人员免受伤害。

图片	定义
 2.5	2.5mm六角扳手
 5	5mm六角扳手
 8	8mm套筒
 ✚	一字螺丝刀
 S	专用工具
 10	10mm平口六角扳手

图 1-2-3　使用工具标志

（14）碳氢化合物、乙烯、乙二醇或石油的搬运、存储以及回收，必须遵守相应操作流程和环境保护标准。

3．环境保护措施

关于废油和碳氢化合物的处理，应遵守相关的环境保护法律法规。

4．拆装发动机注意事项

（1）与发动机的使用、维护和维修有关的事故大多数都是由于未能遵守安全守则和基本注意事项而引起的。因此，操作人员应具备适用的技能并使用合适的工具。

（2）若违反相关事项，可能引起严重事故，甚至危及生命。在继续进行维护或维修操作之前，应将写有"请勿使用"的指示牌或类似标志放在起动器开关上。

（3）使用盘车撬棒之前，应采取必要的防护措施。

（4）确保维修场地以及周围环境适于安全操作。

（5）确保维修车间或发动机周围区域干净整洁。

（6）开始工作前，摘下戒指、项链以及手表，并穿上合适的工作服。

（7）在开始工作前，核对相应的防护设备（眼镜、手套、鞋子、面罩、工作服、头盔等）是否在有效期内。

（8）请勿使用有故障或不合适的工具。

（9）在维护或维修过程中，关闭发动机。

任务实施

1．技术标准与要求

（1）试验场地须清洁、安全。

（2）严格按操作规范进行操作。如要求使用专用工具，则必须满足此项要求。

（3）以 4～6 人为一个试验小组，能在 4h 内完成此项目。

（4）完成拆卸并认知相关附件后，按与拆卸相反的顺序安装发动机附件。

2．设备器材

(1) WP10 柴油机若干台。

(2) WP10 柴油机使用说明书和维修手册若干本。

(3) 常用、专用工具。

(4) 柴油机翻转架、零件架。

(5) 机油、润滑脂、棉纱等辅料。

3．操作步骤

(1) 拆卸油气分离器、增压器进油管、回油管及油标尺,如图1-2-4、图1-2-5所示。

图1-2-4 拆装前整机状态(喷漆后)

图1-2-5 拆油标尺及各油管

(2) 拆排气管及增压器,如图1-2-6所示;拆机油冷却器盖板、机油冷却器及机油滤清器,如图1-2-7～图1-2-9所示。注意防止机油泄漏。

图1-2-6 拆排气管及增压器

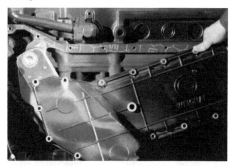
图1-2-7 拆机油冷却器盖板

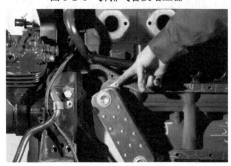
图1-2-8 拆机油冷却器

图1-2-9 拆机油滤清器

(3) 拆油气分离器见图1-2-10,拆传感器线束插头及进气管、出水管、起动机,如图1-2-11～图1-2-13所示。

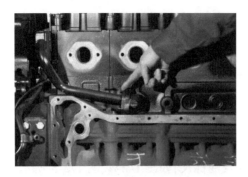
图 1-2-10　拆油气分离器

图 1-2-11　拆传感器线束插头及进气管

图 1-2-12　拆出水管

图 1-2-13　拆起动机

(4) 拆油管及燃油滤清器、高压油管、共轨油管、线束及 ECU、高压油泵、喷油器回油管及喷油器,如图 1-2-14～图 1-2-19 所示。拆卸时注意防止燃油泄漏。

图 1-2-14　拆油管及燃油滤清器

图 1-2-15　拆高压油管

图 1-2-16　拆共轨油管

图 1-2-17　拆线束及 ECU

学习模块1 柴油机基础知识

图1-2-18 拆高压油泵

图1-2-19 拆喷油器回油管及喷油器

WP10柴油机附件拆解评价，见表1-2-1。

WP10柴油机附件拆解评价表 表1-2-1

序号	内容及要求	评分	评分标准	自评	组评	师评	得分
1	准备	10	1.进入工位前，穿好工作服，保持穿着整齐(4分)； 2.准备好相关实训材料(记录本、笔)(3分)； 3.检查相关配套实训资料(维修手册、使用说明书等)(3分)				
2	清洁	10	按要求清理工位，保持周边环境清洁				
3	专用设备与工具准备	10	按要求检查设备、工具数量和完好程度等				
4	拆卸油气分离器、增压器进油管、回油管及油尺	10	工具使用正确，操作规范，操作流程完整				
5	拆排气管及增压器，拆机油冷却器盖板、机油冷却器及机油滤清器	10	工具使用正确，操作规范，操作流程完整				
6	拆油气分离器、传感器线束插头及进气管、出水管、起动机	15	工具使用正确，操作规范，操作流程完整				
7	拆油管及燃油滤清器、高压油管、共轨油管、线束及ECU、高压油泵、喷油器回油管及喷油器	15	工具使用正确，操作规范，操作流程完整				

续上表

序号	内容及要求	评分	评分标准	自评	组评	师评	得分
8	结论	10	操作过程正确、完整,能够正确回答老师提问				
9	安全文明生产	10	结束后清洁(5分); 工量具归位(5分)				
指导教师总体评价:								

指导教师_____
_____年___月___日

练一练

一、单项选择题

1. 图1-2-20a)标志为（　　）。

图 1-2-20

  A. 国内使用的警告标志　　　　B. 世界公认的警告标志
  C. 国内使用的禁止行车标志　　D. 世界使用的禁止行车标志

2. 图1-2-20b)标志为（　　）。
  A. 禁止通行　　　　　　　　　B. 火警
  C. 危房　　　　　　　　　　　D. 潜在危险情况

3. 图1-2-20c)标志为（　　）。
  A. 潜在危险情况　　　　　　　B. 安全标志
  C. 禁止通行　　　　　　　　　D. 禁止停车

4. 图1-2-20中,（　　）为最危险标志。
  A. a)　　　　　　　　　　　　B. b)
  C. c)　　　　　　　　　　　　D. 都一样

5. 更换机油时,应（　　）。
  A. 关闭发动机　　　　　　　　B. 起动发动机

C. 冷起动后关闭　　　　　　　D. 热机后关闭发动机

二、多项选择题

1. 图 1-2-21 中,表示使用工具的图标是(　　)。

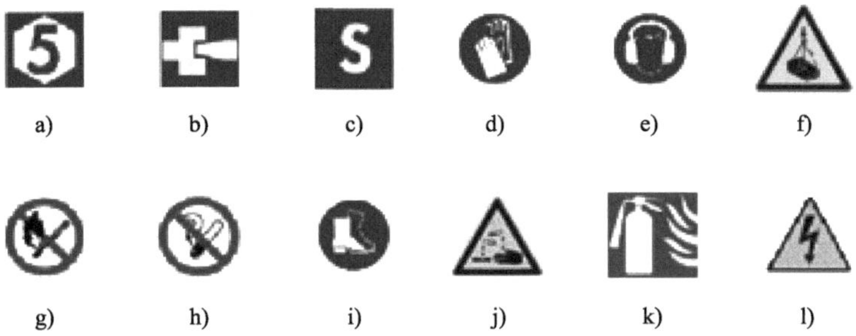

图 1-2-21

 A. a)　　　　B. b)　　　　C. c)　　　　D. d)

2. 图 1-2-21 中,表示穿戴防护用品的图标是(　　)。

 A. c)　　　　B. d)　　　　C. e)　　　　D. k)

3. 图 1-2-21 中,表示禁止操作的图标是(　　)。

 A. f)　　　　B. g)　　　　C. h)　　　　D. k)

4. 图 1-2-21 中,表示可能发生危险情况的图标是(　　)。

 A. f)　　　　B. j)　　　　C. k)　　　　D. l)

5. 健康保护注意事项包括(　　)。

 A. 避免长时间反复接触使用过的机油

 B. 制冷剂直接排入大气

 C. 勿将浸油抹布放于衣服口袋里

 D. 穿好工作服、戴上防水手套

三、判断题

1. 图 1-2-22 中,a)表示使用 10mm 开口扳手。　　　　　　　　　　　　(　　)

图 1-2-22

2. 图 1-2-22 中,b)表示使用 5mm 套筒。　　　　　　　　　　　　　　(　　)
3. 图 1-2-22 中,c)表示使用通用工具。　　　　　　　　　　　　　　　(　　)
4. 图 1-2-22 中,d)表示使用 8mm 套筒。　　　　　　　　　　　　　　(　　)
5. 图 1-2-22 中,e)表示使用锤子。　　　　　　　　　　　　　　　　　(　　)

四、分析题

1. 试分析单选题中各图的含义。
2. 拆装发动机应注意哪些事项?
3. 指出发动机附件拆卸的一般顺序。

模块小结

本模块主要讲述发动机基本理论和基本构造,主要内容是柴油机组成机构与系统、柴油机基本术语、柴油机基本工作原理、柴油机主要技术性能参数、柴油机附件认知和拆装。通过对本模块的学习,主要掌握发动机排量、燃烧室容积、汽缸总容积、压缩比等术语;四冲程柴油机的工作循环,动力性、经济性评价指标;内燃机型号编制规则;柴油机拆解注意事项;柴油机附件名称、基本作用和拆装方法。了解并掌握通用工具和专用工具名称、功能和使用方法。

学习模块 2　曲柄连杆机构结构与拆装

模块概述

曲柄连杆机构是发动机完成工作循环、实现能量转换的传动机构,其功用是将燃气作用在活塞顶上的力转变为曲轴旋转运动的转矩,对外输出动力。在发动机工作过程中,燃料燃烧产生的气体压力直接作用在活塞顶部,推动活塞做往复直线运动,经活塞销、连杆和曲轴,将活塞的往复直线运动转换为曲轴的旋转运动。其动力大部分经曲轴后端的飞轮输出,传给传动系统乃至行驶系统使车辆运动,另外一小部分通过曲轴前端齿轮或带轮用于驱动发动机其他机构和系统。

曲柄连杆机构由机体组、活塞连杆组和曲轴飞轮组组成,如图 2-0-1 所示。

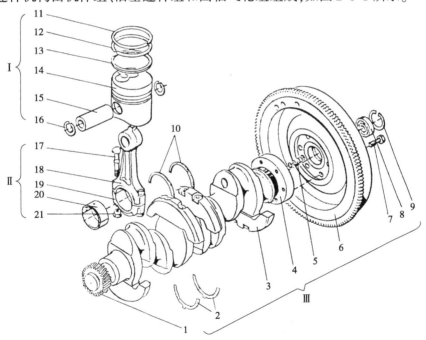

图 2-0-1　曲柄连杆机构组成
Ⅰ-活塞组;Ⅱ-连杆组;Ⅲ-曲轴飞轮组

1-曲轴定时齿轮;2-下推力片;3-平衡重;4-曲轴;5-定位销;6-飞轮;7-飞轮螺栓;8-变速器第一轴承;9、16-挡圈;10-上推力片;11-上气环;12-下气环;13-油环;14-活塞;15-活塞销;17-连杆螺栓;18-连杆体;19-连杆盖;20-连杆轴承;21-连杆螺母

【建议学时】

20 学时。

学习任务2.1 机体组结构与拆装

通过本任务的学习,应能:
1. 掌握机体组总体组成。
2. 掌握机体组各零部件的结构和工作特点。
3. 使用通用和专用工具拆卸WP10柴油机和装配发动机机体组。

某重型载货汽车行驶近50万km,客户反映该车发动机动力不足、燃油及机油消耗增加、排气管冒烟严重。进入4S店检查,发现汽缸压缩压力下降很多,初步判定是该车缸套、活塞及活塞环磨损严重,发动机需要进行大修。

任务准备

1. 机体组的功用及组成

现代汽车发动机机体组主要由汽缸体、汽缸盖、汽缸盖罩、汽缸衬垫、主轴承盖以及油底壳等组成。镶汽缸套的发动机,机体组还包括干式或湿式汽缸套。

机体组是发动机的支架,是曲柄连杆机构、配气机构和发动机各系统主要零部件的装配基体。汽缸盖用来封闭汽缸顶部,并与活塞顶和汽缸壁一起形成燃烧室。另外,汽缸盖和汽缸体内的水套和油道以及油底壳又分别是冷却系统和润滑系统的组成部分。

2. 汽缸体

1) 汽缸体的工作条件及要求

(1) 汽缸体的工作条件。

汽缸体是发动机中最大的零件。在发动机工作时,汽缸体承受拉、压、弯、扭等不同形式的机械负荷,同时还因为汽缸壁面与高温燃气直接接触而承受很大的热负荷。

(2) 汽缸体的材料和要求。

汽缸体应具有足够的强度和刚度,且耐磨损和耐腐蚀,并应能对汽缸进行适当的冷却,以免汽缸体损坏和变形。汽缸体也是最重的零件,应该力求结构紧凑、质量小,以减小整机的尺寸和质量。汽缸体一般用高强度灰铸铁或铝合金铸造。

2) 汽缸体构造

汽缸体是结构极为复杂的箱形零件,其大部分壁厚均为铸造工艺许用的最小壁厚(图2-1-1)。

汽缸体的构造与汽缸排列形式、汽缸结构形式和曲轴箱结构形式有关。

(1) 按汽缸排列形式分类。

汽缸排列形式有3种:直列式、V形和水平对置式。

①直列式。

各汽缸排成一直列的,称为直列式汽缸排列(图2-1-2a),其特点是汽缸体的宽度小而高度和长度大,一般只用于六缸以下的发动机。

②V形。

两列汽缸排列成V形的,称为V形汽缸排列(图2-1-2b)。目前,有V4、V6、V8、V10、V12、和V16等机型。V形发动机汽缸体宽度大,而长度和高度小,形状比较复杂。但汽缸体的刚度大、质量和外形尺寸较小。

③水平对置式。

对置式汽缸排列是指两列汽缸水平相对排列,其优点是重心低,而且水平对置式发动机的平衡性好。汽缸体由左、右两个汽缸体用螺栓紧固在一起(图2-1-2c)。

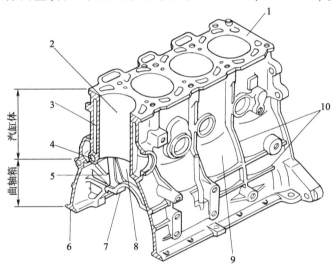

图2-1-1 水冷发动机的汽缸体

1-汽缸体顶面;2-汽缸;3-水套;4-主油道;5-横隔板上的加强肋;6-汽缸体底面;7-主轴承座;8-缸间横隔板;9-汽缸体侧臂;10-侧壁上的加强肋

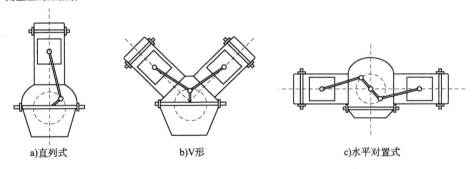

a)直列式　　　　　b)V形　　　　　c)水平对置式

图2-1-2 汽缸排列形式

(2)按有无缸套分类。

根据汽缸体内有无缸套分3种,即无汽缸套式、干式汽缸套式和湿式汽缸套式。

①无汽缸套式。

无汽缸套式汽缸体即不镶嵌任何汽缸套的汽缸体,在汽缸体上直接加工出汽缸(图2-1-3)。其优点是可以缩短汽缸中心距,从而使汽缸体的尺寸和质量减小。另外,汽缸体的刚度大、工艺性好。其缺点是为了保证汽缸的耐磨性，整个铸铁汽缸体须用耐磨的合金铸铁制造，这既浪费了贵重的材料，又提高了制造成本。

②干式汽缸套(图2-1-4a)。

干式汽缸套外壁不直接与冷却液接触，缸套的壁厚很薄，为1~3mm的薄壁圆筒。镶嵌干式汽缸套的优点是汽缸体刚度大，汽缸中心距小，质量小和加工工艺简单。缺点是传热较差，温度分布不均匀，容易发生局部变形。

③湿式汽缸套(图2-1-4b)。

湿式汽缸套为壁厚5~6mm的圆筒，上部有凸缘，外壁直接与冷却液接触。由汽缸套外壁与汽缸体的汽缸孔壁共同构成冷却液腔。缸套外圆表面有2~3个凸出的圆环带，用来与汽缸体进行径向定位，圆环带外侧还有2~3道环槽，用来安装耐热、耐油的橡胶密封圈，作为水封。汽缸套上部凸缘与汽缸孔上平面贴合，作为汽缸的轴向定位面。

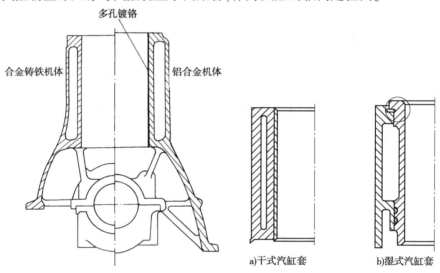

图2-1-3 无汽缸套式汽缸体　　图2-1-4 汽缸套式汽缸体

湿式汽缸套的优点是冷却效果好，而且汽缸套内壁是事先加工好的，制造和维修非常方便。但它使得发动机的缸心距加大，而且可能出现冷却液密封不严和汽缸套穴蚀问题。

(3)按曲轴箱结构形式分类。

按曲轴箱结构形式的不同，汽缸体通常分为：龙门式、一般式和隧道式三种形式(图2-1-5)。

①龙门式汽缸体。

龙门式汽缸体是指底平面下沉到曲轴轴线以下的汽缸体(图2-1-5a)。汽缸体底平面到曲轴轴线的距离称作龙门高度。龙门式汽缸体由于高度增加，其弯曲刚度和扭转刚度均比平底式汽缸体有显著提高。汽缸体底平面与油底壳之间的密封也比较简单。龙门式汽缸体广泛用于各类汽车发动机上。

②一般式汽缸体。

一般式汽缸体的底平面与曲轴轴线齐平(图2-1-5b)。这种汽缸体高度小、质量小、加工方便。但与另外两种汽缸体相比刚度较差，且汽缸体前后端与油底壳之间的密封比较复杂。通常轿车和轻型货车发动机多采用一般式汽缸体。

③隧道式汽缸体。

隧道式汽缸体是指主轴承孔不剖分的汽缸体结构（图2-1-5c）。这种汽缸体配以窄型滚动轴承可以缩短汽缸体长度。隧道式汽缸体的刚度大，主轴承孔的同轴度好，但是由于大直径滚动轴承的圆周速度不能很大，而且滚动轴承价格较贵，因此限制了隧道式汽缸体在高速发动机上的应用。

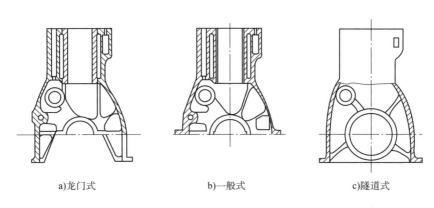

a）龙门式　　　　b）一般式　　　　c）隧道式

图2-1-5　汽缸体结构形式

随着发动机的不断强化，汽缸体所承受的机械负荷越来越大。因此，必须增强主轴承的支撑刚度，以保证曲轴不发生弯曲变形。为此，许多欧洲汽车上采用了一种梯形梁结构，这种结构是把各主轴承盖铸成一个整体，形如梯子，可以显著增加主轴承刚度。潍柴WP10柴油机等均采用这种结构。

3．汽缸盖

1）汽缸盖工作条件、材料及要求

（1）汽缸盖工作条件。

汽缸盖承受气体力和紧固汽缸盖螺栓所造成的机械负荷，同时还由于与高温燃气接触而承受很高的热负荷。

（2）汽缸盖材料及要求。

为了保证汽缸的良好密封，汽缸盖既不能损坏，也不能变形。为此，汽缸盖应具有足够的强度和刚度。为了使汽缸盖的温度分布尽可能均匀，避免进、排气门座之间发生热裂纹，应对汽缸盖进行良好的冷却。

汽缸盖一般都由优质灰铸铁或合金铸铁铸造、轿车用的汽油机则多采用铝合金汽缸盖，如图2-1-6所示。

2）汽缸盖构造

汽缸盖是结构复杂的箱形零件。其上加工有进排气门座孔、气门导管孔，火花塞安装孔（汽油机）或喷油器安装孔（柴油机）。在汽缸盖内还铸有水套、进排气道和燃烧室或燃烧室的一部分。

水冷式发动机的汽缸盖有整体式、分块式和单体式三种结构形式。

（1）整体式汽缸盖（图2-1-6a、b）。

整体式汽缸盖结构紧凑，可缩短汽缸中心距。当汽缸直径小于105mm，汽缸数不超过6

个时，一般都采用整体式汽缸盖。而且当工厂的产品品种单一，但生产批量很大时，采用整体式汽缸盖比较经济。

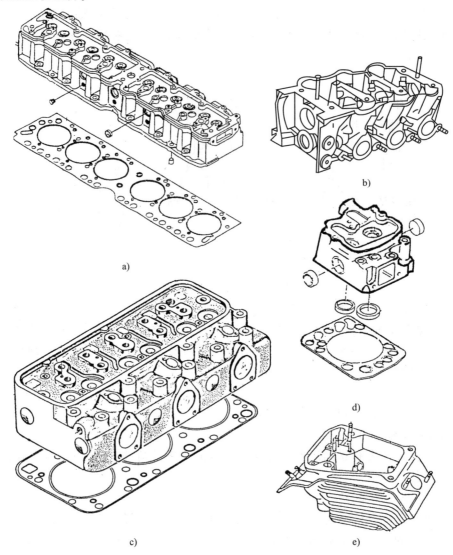

图 2-1-6　各种形式的汽缸盖

（2）分块式汽缸盖（图 2-1-6c）。

汽缸直径介于 100～140mm 时，采用何种形式的汽缸盖要看工厂的传统和产品系列。若生产厂家同时生产 2、4、6、8、12 缸发动机系列，则采用两缸一盖的分块式汽缸盖比较合理；若只生产直列 6 缸和 V6、V12 缸发动机，则采用三缸一盖更为合适，因为这样可以提高汽缸盖的通用性和扩大生产批量。

（3）单体式汽缸盖（图 2-1-6c、d）。

单体式汽缸盖刚度大，且在备件储存、修理及制造等方面都比较优越。但是采用单体式汽缸盖在缩小汽缸中心距方面受到一定的限制，同时汽缸盖冷却液的回流需装设专门的回水管，使得结构复杂。

4. 燃烧室

当活塞到达上止点时,汽缸盖和活塞顶组成的密闭空间称为燃烧室。柴油机的燃烧室分为统一式燃烧室和分隔式燃烧室两大类。

统一式燃烧室是凹顶活塞顶部与汽缸盖底部所包围的单一内腔,几乎全部容积都在活塞顶面上。燃油自喷油器直接喷射到燃烧室中,借喷出油柱的形状和燃烧室形状的匹配,以及燃烧室内空气的涡流运动,迅速形成混合气,所以又叫作直接喷射式燃烧室。

分隔式燃烧室(图2-1-7)由两部分组成,一部分位于活塞顶与汽缸底面之间,称为主燃烧室;另一部分在汽缸盖中,称为副燃烧室。这两部分由一个或几个孔道相连。分隔式燃烧室的常见形式有涡流室燃烧室和预燃室燃烧室两种。

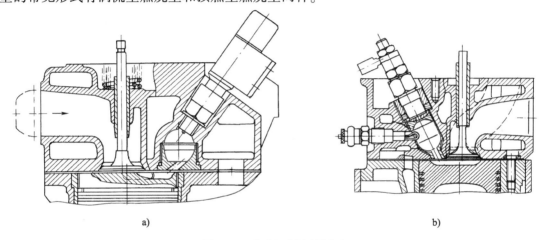

图2-1-7 柴油机分隔式燃烧室

5. 汽缸衬垫

如图2-1-8所示,汽缸衬垫用以保证燃烧室高压燃气的密封,保证汽缸盖与汽缸体之间的水孔和机油通孔的密封。它承受汽缸盖与汽缸体压紧时很大的预压力,承受高温、高压和受燃气、机油和冷却液的腐蚀。一旦汽缸衬垫的密封失效,油、水会进入燃烧室或燃气进入冷却液或机油内,使柴油机出现故障,甚至损坏。

常用的汽缸衬垫有金属—石棉衬垫和塑性金属组成的金属衬垫两大类。

1)金属—石棉衬垫

金属—石棉衬垫以石棉为基体,或夹有金属丝,或金属丝网,外包铜皮或钢皮(图2-1-8)。金属—石棉衬垫具有良好的弹性和耐热性,能重复使用多次。若将石棉板在耐热的黏合剂中浸渍,则可增加衬垫的强度。

2)金属衬垫

塑性金属制成的金属汽缸衬垫,如硬铝板、冲压钢片或一叠薄钢片等,其强度高、耐腐蚀能力强,但油孔、水孔处要有专门的耐温、耐油密封橡胶圈。此类汽缸垫在柴油机上应用很多。

6. 油底壳

1)油底壳的作用

油底壳用来收集和储存发动机各润滑处和冷却处(如采用机油冷却活塞)流回的机油,

散走部分热量,防止机油飞溅,封闭汽缸体下部。

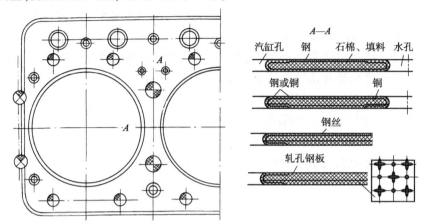

图2-1-8　金属—石棉衬垫

2)油底壳的分类

(1)湿式油底壳。

兼有收集和储存机油作用的油底壳称为湿式油底壳,广泛用于车用发动机上。油底壳的形状和大小取决于发动机的总体布置、所需的油量及车辆对发动机的外形尺寸要求。它影响车辆的离地高度及通过性。为使车辆倾斜及在颠簸的路面上行驶时,机油泵仍能吸到机油,通常将油底壳局部做得较深。油底壳底部设放油螺塞。有的放油螺塞带磁性,可以吸引机油中的铁屑。

为保证油底壳与汽缸体或曲轴箱之间的密封,油底壳的密封凸缘应具有一定的刚度。用薄钢板冲压的油底壳密封凸缘应有特殊的断面形状(图2-1-9)。

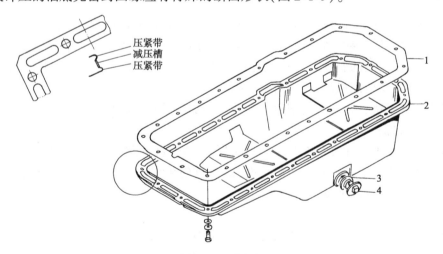

图2-1-9　油底壳
1-密封垫;2-油底壳;3-密封圈;4-磁性放油螺塞

(2)干式油底壳。

有些特种车辆,常在恶劣的路面上行驶。为适应越野性要求,设有专门的机油箱。这时,油底壳除封闭汽缸体下部外,还用作收集机油。流回油底壳的机油,由机油泵直接泵回机油箱。这种油底壳称为干式油底壳。

3）油底壳的材料

油底壳常为冲压件,有的则为铸铁或铸铝件。目前,还有一些油底壳选用能降低噪声的减振钢板冲压成型。减振钢板是在两种钢板之间夹有树脂的专用板材。

任务实施

1. 技术标准与要求

（1）试验场地须清洁、安全。

（2）严格按操作规范进行操作。如要求使用专用工具,则必须满足此项要求。

（3）以4~6人为一个试验小组,能在6h内完成此项目。

2. 设备器材

（1）WP10柴油机。

（2）常用、专用工具。

（3）柴油机翻转架、零件架。

（4）机油、润滑脂、棉纱等辅料。

3. 操作步骤

1）发动机机体组拆卸

（1）拆摇臂罩、摇臂及摇臂座、气门推杆、传动带张紧轮,如图2-1-10~图2-1-13所示。

图2-1-10 拆摇臂罩

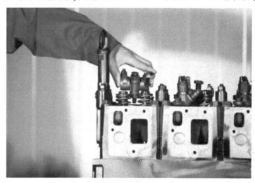

图2-1-11 拆摇臂及摇臂座

图2-1-12 拆气门推杆

图2-1-13 拆传动带张紧轮

（2）拆带轮及减振器、空压机、发电机及支架、水泵三通、水泵、齿轮室盖板，如图2-1-14～图2-1-19所示。

图2-1-14　拆带轮及减振器

图2-1-15　拆空压机

图2-1-16　拆发电机及支架

图2-1-17　拆水泵三通

图2-1-18　拆水泵

图2-1-19　拆齿轮室盖板

（3）拆凸轮轴正时齿轮、飞轮、飞轮壳、拆油底壳及衬垫、集滤器、中间齿轮螺栓及定位销，如图2-1-20～图2-1-25所示。

（4）用专用工具（图2-1-26）拆机油泵惰轮螺栓及定位销、齿轮室、机油泵惰轮、机油泵、汽缸盖，如图2-1-27～图2-1-31所示。

图 2-1-20　拆凸轮轴正时齿轮

图 2-1-21　拆飞轮

图 2-1-22　拆飞轮壳

图 2-1-23　拆油底壳及衬垫

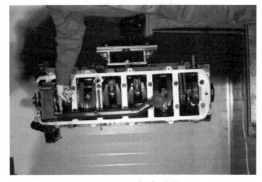
图 2-1-24　拆集滤器

图 2-1-25　拆中间齿轮螺栓及定位销

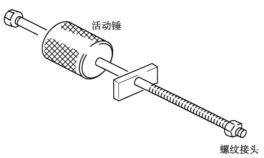
图 2-1-26　定位销拆卸专用工具

图 2-1-27　拆机油泵惰轮螺栓及定位销

图 2-1-28　拆齿轮室

图 2-1-29　拆机油泵惰轮

图 2-1-30　拆机油泵

图 2-1-31　拆汽缸盖

（5）拆汽缸盖衬垫，如图 2-1-32 所示。

（6）拆气门挺柱和活塞连杆组，如图 2-1-33、图 2-1-34 所示，用专用工具拆卸活塞环，如图 2-1-35 所示。

图 2-1-32　拆汽缸盖衬垫

图 2-1-33　拆气门挺柱

（7）拆曲轴箱、曲轴及曲轴推力片、主轴承轴瓦、凸轮轴及凸轮轴推力片，如图 2-1-36～图 2-1-39 所示。

（8）拆活塞冷却喷嘴，用专用工具（图 2-1-40）拆汽缸套，所拆卸零部件应按照顺序摆放整齐，如图 2-1-41～图 2-1-43 所示。

图 2-1-34 拆活塞连杆组

图 2-1-35 拆活塞环专用工具

图 2-1-36 拆曲轴箱

图 2-1-37 拆曲轴及曲轴止推片

图 2-1-38 拆主轴承轴瓦

图 2-1-39 拆凸轮轴及凸轮轴推力片

图 2-1-40 拆汽缸套专用工具

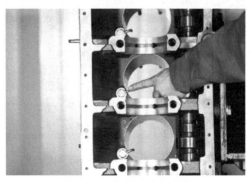
图 2-1-41 拆活塞冷却喷嘴

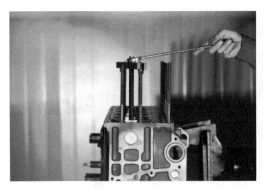
图2-1-42 拆汽缸套

图2-1-43 零部件应摆放整齐

2)发动机机体组装配

(1)清理机体组各接合面,WP10柴油机汽缸体结构如图2-1-44所示。

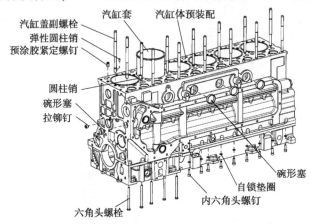
图2-1-44 WP10柴油机机体组结构图

(2)测量主轴承底孔与曲轴主轴颈尺寸(图2-1-45),保证主轴承间隙在0.095~0.171mm;测量汽缸体缸孔与缸套外圆尺寸(图2-1-46),保证缸孔与缸套配合尺寸为 -0.01~0.033m。

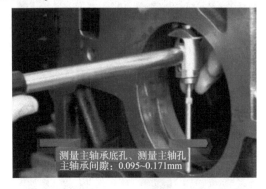
图2-1-45 测量主轴承底孔与曲轴主轴颈尺寸

图2-1-46 测量汽缸体缸孔与缸套外圆尺寸

(3)装汽缸套(图2-1-47),汽缸套外壁涂抹0号二硫化钼粉,压装后汽缸套上表面高出汽缸体上表面0.05~0.10mm。

(4)装飞轮壳,飞轮壳螺栓按照图 2-1-48 顺序对称拧紧,装配前在螺栓凸缘面涂油,飞轮壳螺栓可重复使用两次。拧紧力矩:110~140N·m。

图 2-1-47　装汽缸套

图 2-1-48　飞轮壳螺栓拧紧顺序图

(5)装汽缸衬垫及汽缸盖,缸盖主螺栓允许使用 3 次,按图 2-1-49 所示顺序拧紧,力矩要求如下:

①使用扭矩扳手,副螺栓螺母采用 100N·m 按次序旋扭并在螺母上作标记。
②使用扭矩扳手,主螺栓采用 200N·m 按次序旋扭并在螺栓上作标记。
③使用扭矩扳手,按次序将辅助螺栓螺母旋扭 90°,将螺母新位置作标记。
④使用扭矩扳手,按次序将主螺栓旋扭 90°,并在新位置作标记。
⑤使用扭矩扳手,按次序将辅助螺栓螺母再旋扭 90°,同时达到 120~160N·m。
⑥使用扭矩扳手,按次序将主螺栓再旋扭 90°,同时达到 240~340N·m。

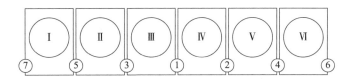

发动机左侧

a)拧紧编号为 1~7 的汽缸盖副螺栓 M12（双头螺栓）

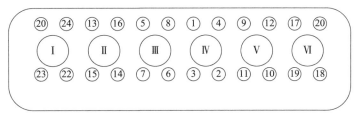

发动机左侧

b)拧紧编号为 1~24 的汽缸盖主螺栓 M16(螺钉)

图 2-1-49　汽缸盖螺栓拧紧顺序

(图中罗马数字代表汽缸号,阿拉伯数字代表拧紧顺序)

(6)装油底壳,油底壳紧固螺栓按图 2-1-50 所示顺序拧紧,拧紧力矩:22~29N·m。

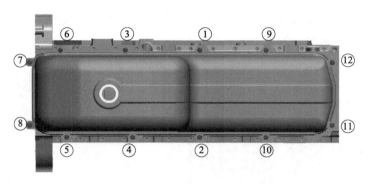

图 2-1-50 油底壳紧固螺栓拧紧顺序图

任务评价

机体组结构与检修评价,见表 2-1-1。

机体组结构与检修评价表　　　　　　　　表 2-1-1

序号	内容及要求	评分	评分标准	自评	组评	师评	得分
1	准备	10	1.进入工位前,穿好工作服,保持穿着整齐(4分); 2.准备好相关实训材料(记录本、笔)(3分); 3.检查相关配套实训资料(维修手册、使用说明书等)(3分)				
2	清洁	5	按要求清理工位,保持周边环境清洁				
3	专用设备与工具准备	5	按要求检查设备、工具数量和完好程度等				
4	拆摇臂罩、摇臂及摇臂座、气门推杆、传动带张紧轮	6	工具使用正确,操作规范,操作流程完整				
5	拆带轮及减振器、空压机、发电机及支架、水泵三通、水泵、齿轮室盖板	6	工具使用正确,操作规范,操作流程完整				
6	拆凸轮轴正时齿轮、飞轮、飞轮壳、拆油底壳及衬垫、集滤器、中间齿轮螺栓及定位销	6	工具使用正确,操作规范,操作流程完整				
7	用专用工具拆机油泵惰轮螺栓及定位销、齿轮室、机油泵惰轮、机油泵、汽缸盖、汽缸盖衬垫	6	工具使用正确,操作规范,操作流程完整				

续上表

序号	内容及要求	评分	评分标准	自评	组评	师评	得分
8	测量主轴承底孔与曲轴主轴颈尺寸,保证主轴承间隙在 0.095~0.171mm	6	工具使用正确,操作规范,操作流程完整				
9	测量汽缸体缸孔与缸套外圆尺寸,保证缸孔与缸套配合尺寸为 0.01~0.033mm	6	工具使用正确,操作规范,操作流程完整				
10	装汽缸套,压装后汽缸套上表面高出汽缸体上表面 0.05~0.10mm	6	工具使用正确,操作规范,操作流程完整				
11	装飞轮壳,飞轮壳螺栓按照顺序对称拧紧,装配前在螺栓凸缘面涂油,飞轮壳螺栓可重复使用两次。拧紧力矩:110~140N·m	6	工具使用正确,操作规范,操作流程完整				
12	装汽缸衬垫及汽缸盖	6	工具使用正确,操作规范,操作流程完整				
13	装油底壳,拧紧力矩:22~29N·m	6	工具使用正确,操作规范,操作流程完整				
14	结论	10	操作过程正确、完整,能够正确回答老师提问				
15	安全文明生产	10	结束后清洁(5分);工量具归位(5分)				

指导教师总体评价:

指导教师_____
____年___月___日

练一练

一、单项选择题

1. 直列式汽缸体的宽度小而高度和长度大,一般只用于(　　)以下的发动机。
　　A. 四缸以下　　　　　　　　B. 四缸以上

C. 六缸以下　　　　　　　　　　D. 六缸以上
　2. V形发动机一般(　　)，形状比较复杂。
　　A. 汽缸体宽度小，长度和高度小　　B. 汽缸体宽度大，长度和高度小
　　C. 汽缸体宽度大，长度和高度大　　D. 汽缸体宽度小，长度和高度大
　3. 干式汽缸套的优点是(　　)。
　　A. 汽缸体刚度大，汽缸中心距小，质量小和加工工艺简单
　　B. 汽缸体刚度小，汽缸中心距小，质量小和加工工艺简单
　　C. 汽缸体刚度大，汽缸中心距小，质量小和加工工艺复杂
　　D. 汽缸体刚度小，汽缸中心距大，质量小和加工工艺简单
　4. 湿式汽缸套的优点是(　　)。
　　A. 冷却效果好，制造和维修非常方便，使发动机的缸心距加大
　　B. 冷却效果好，制造和维修非常复杂，使发动机的缸心距加大
　　C. 冷却效果好，制造和维修非常复杂，使发动机的缸心距减小
　　D. 冷却效果差，制造和维修非常方便，使发动机的缸心距减小
　5. 分隔式燃烧室的常见形式有两种(　　)。
　　A. 球形燃烧室和双球形燃烧室
　　B. 球形燃烧室和预燃室燃烧室
　　C. 涡流室燃烧室和统一室燃烧室
　　D. 涡流室燃烧室和预燃室燃烧室

二、多项选择题

　1. 汽缸排列形式有3种：(　　)。
　　A. 直列式　　　　　　　　　　　B. V形
　　C. 水平对置式　　　　　　　　　D. 倒置式
　2. 发动机机体组主要由(　　)、主轴承盖以及油底壳等组成。
　　A. 汽缸体　　B. 汽缸衬垫　　C. 汽缸套　　D. 汽缸盖
　3. 干式汽缸套缺点是(　　)。
　　A. 传热较好　　　　　　　　　　B. 容易发生局部变形
　　C. 温度分布不均匀　　　　　　　D. 传热较差
　4. 水冷发动机的汽缸盖有(　　)。
　　A. 整体式　　B. 分块式　　C. 固定式　　D. 单体式
　5. 柴油机的燃烧室分为两大类(　　)。
　　A. 预热式燃烧室　　　　　　　　B. 加压式燃烧室
　　C. 统一式燃烧室　　　　　　　　D. 分隔式燃烧室

三、判断题

　1. V形汽缸体的刚度小，质量和外形尺寸较小。　　　　　　　　　　　　(　　)
　2. 汽缸体按有无缸套分3种，即无汽缸套式、干式汽缸套和湿式汽缸套。　(　　)
　3. 对置式汽缸排列是指两列汽缸水平相对排列，其优点是重心低，而且水平对置式发动机的平衡性好。　　　　　　　　　　　　　　　　　　　　　　　　　(　　)

4. 当活塞到达下止点时,汽缸盖和活塞顶组成的密闭空间称为燃烧室。（ ）

5. 分隔式燃烧室由两部分组成,一部分位于活塞顶与汽缸底面之间,称为副燃烧室,另一部分在汽缸盖中,称为主燃烧室。（ ）

四、分析题

1. 指出图 2-1-51 中零部件名称。

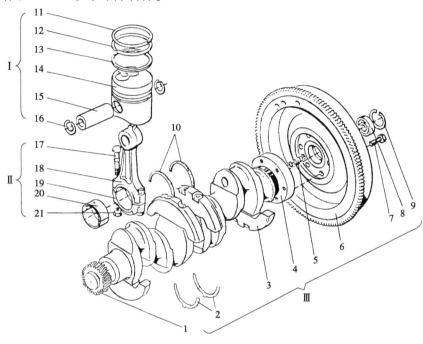

图 2-1-51　曲柄连杆机构结构图

1-_____； 2-_____； 3-_____； 4-_____；
5-_____； 6-_____； 7-_____； 8-_____；
9、16-_____； 10-_____； 11-_____； 12-_____；
13-_____； 14-_____； 15-_____； 17-_____；
18-_____； 19-_____； 20-_____； 21-_____。

2. 简述无汽缸套式汽缸体结构特点。

3. 简述统一式燃烧室结构特点。

学习任务2.2　活塞连杆组结构与拆装

任务目标

通过本任务的学习,应能:

1. 描述活塞连杆组总体组成。
2. 描述活塞连杆组各零部件的结构特点和工作原理。
3. 使用通用和专用工具装配WP10柴油机活塞连杆组。

任务导入

某重型载货汽车行驶近 33 万 km,客户反映该车燃油及机油消耗增加、排气管冒蓝烟、废气有刺鼻的气味。进入 4S 店进行检查,初步判定是该车活塞及活塞环磨损严重导致,发动机需要进行拆检。

任务准备

1. 活塞组

1) 活塞

(1) 活塞的功用及工作条件。

① 活塞的功用。

活塞的主要功用是承受燃烧气体压力,并将此力通过活塞销传给连杆以推动曲轴旋转。此外,活塞顶部与汽缸盖、汽缸壁共同组成燃烧室。活塞的各部名称,如图 2-2-1 所示。

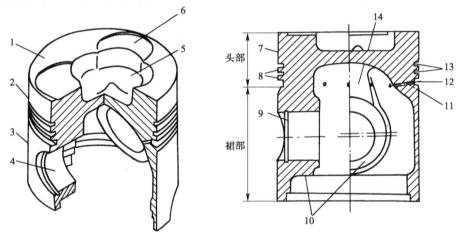

图 2-2-1　活塞各部名称

1-活塞顶;2-活塞头部;3-活塞裙部;4-活塞销孔;5-燃烧室凹坑;6-气门凹坑;7-活塞顶岸;8-活塞环岸;9-挡圈槽;10-活塞销座;11-回油孔;12-油环槽;13-气环槽;14-加强肋

② 活塞的工作条件及材料。

活塞是发动机中工作条件最严酷的零件。作用在活塞上的有气体力和往复惯性力,这些力都是周期性变化的,且最大值都很大。

活塞顶与高温燃气直接接触,使活塞顶的温度很高,活塞各部的温差很大。

活塞在侧压力的作用下沿汽缸壁面高速滑动,由于润滑条件差,因此摩擦损失大,磨损严重。

现代汽车发动机不论是汽油机还是柴油机,均广泛采用铝合金活塞,只在极少数汽车发动机上采用铸铁或耐热钢活塞。

(2) 活塞构造。

活塞可视为由顶部、头部和裙部三部分构成。

① 活塞顶部。

柴油机活塞顶部多为凹顶,其形状取决于混合气形成方式和燃烧室形状。

在分隔式燃烧室柴油机的活塞顶部设有形状不同的浅凹坑,以便于在主燃烧室内形成二次涡流,增进混合气形成与燃烧,见图2-2-2。

直喷式燃烧室全部容积都集中在汽缸内,且在活塞顶部设有深浅不一、形状各异的燃烧室凹坑,喷油器将燃烧直接喷入燃烧室凹坑内,使其与运动气流相混合,形成可燃混合气并燃烧,见图2-2-3。

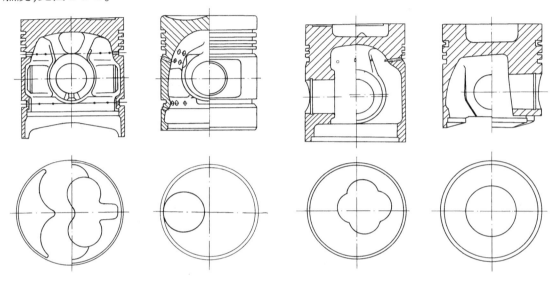

图2-2-2 分隔式燃烧室柴油机活塞　　　　图2-2-3 直喷式燃烧室柴油机活塞

在活塞顶部除有燃烧室凹坑外,有的活塞顶还加工有避让气门的气门凹坑(图2-2-1)。

为减少活塞顶受热,可在活塞顶上焊一层不锈钢片。因为不锈钢耐热且吸热缓慢,所以能减小活塞顶部的热负荷并可提高发动机热效率。在活塞顶上喷镀0.2~0.3mm的陶瓷也能起到同样作用。

②活塞头部。

活塞顶至油环槽下端面之间的部分称为活塞头部(图2-2-1)。在活塞头部加工有用来安装气环和油环的气环槽和油环槽。在油环槽底部还加工有回油孔或横向切槽,油环从汽缸上刮下来的多余机油,经回油孔或横向切槽流回油底壳。

活塞头部应该足够厚,从活塞顶到环槽区的断面变化要尽可能圆滑,过渡圆角R(图2-2-4)应足够大,以减小热流阻力,便于热量从活塞顶经活塞环传给汽缸壁,使活塞顶部的温度不致过高。

在第一道气环槽上方设置一道较窄的隔热槽(图2-2-5),其作用是隔断由活塞顶传向第一道活塞环的热流,使部分热量由第二、三道活塞环传出,从而可以减小第一道活塞环的热负荷,改善其工作条件、防止活塞环黏结。

活塞环槽的磨损是影响活塞使用寿命的重要因素。

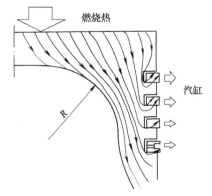

图2-2-4 由活塞顶到汽缸壁的热流

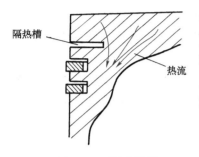

图 2-2-5 活塞隔热槽

在强化程度较高的发动机中,第一道环槽温度较高,磨损严重。为了增强环槽的耐磨性,通常在第一环槽或第一、二环槽处镶嵌耐热护圈(图 2-2-6a、b)。在高强化直喷式燃烧室柴油机中,第一环槽和燃烧室喉口处均镶嵌耐热护圈(图 2-2-6c),以保护喉口不致因为过热而开裂。耐热护圈的材料为热膨胀系数与铝合金接近的镍铬奥氏体铸铁或高锰奥氏体铸铁。

另外,在铝合金活塞的头部铸入纤维增强合金圆环(图 2-2-7),可以增加活塞的强度和提高第一道环槽的耐磨性。

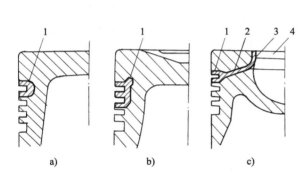

图 2-2-6 活塞环槽护圈

1-活塞环槽护圈;2-沿圆周均布的三条连接带;3-燃烧室喉口护圈;4-燃烧室喉口护圈

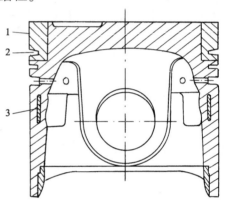

图 2-2-7 镶嵌纤维增强合金圆环的铝活塞

1-纤维增强合金圆环;2-第一道环槽;3-筒形防胀钢片

③活塞裙部。

活塞头部以下的部分为活塞裙部(图 2-2-1)。裙部的形状应能保证活塞在汽缸内得到良好的导向,汽缸与活塞之间在任何工况下都应保持均匀、适宜的间隙。

发动机工作时,活塞在气体和侧向力的作用下发生机械变形;而活塞受热膨胀时还发生热变形。这两种变形的结果都使活塞裙部在活塞销孔轴线方向的尺寸增大(图 2-2-8a、b)。因此,为使活塞工作时裙部接近正圆形与汽缸相适应,在制造时应将活塞裙部的横断面加工成椭圆形,并使其长轴与活塞销孔轴线垂直(图 2-2-8c)。现代汽车发动机的活塞均为椭圆形。

另外,沿活塞轴线方向,活塞的温度上高下低,活塞的热膨胀量自然是上大下小,因此为使活塞工作时裙部接近圆柱形,须把活塞制成上小下大的圆锥形或桶形。桶形裙不仅能适应活塞的温度分布,而且裙部与汽缸壁之间能够形成双向楔形油膜,使裙部具有较高的承载能力和良好的润滑。

在现代汽车发动机上广泛采用半拖鞋式裙部的活塞(图 2-2-9)。在保证裙部有足够承压面积的条件下,将不承受侧向力一侧的裙部部分地去掉,即为半拖鞋式裙部;若全部去掉则为拖鞋式群部。半拖鞋式活塞和拖鞋式活塞的优点是:

A. 质量小,比全裙式活塞小 10%～20%,能适应高速发动机减小往复惯性力的需要。

B. 裙部弹性好,可以减小活塞与汽缸的配合间隙。

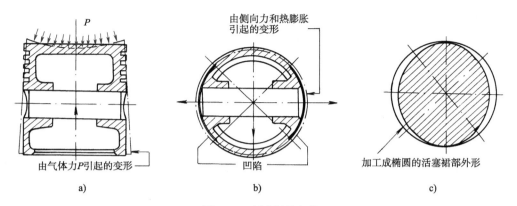

图 2-2-8 活塞裙部变形

C. 能够避免与曲轴平衡重发生运动干涉。

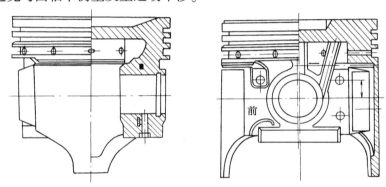

图 2-2-9 拖鞋式活塞

活塞销孔轴线通常与活塞轴线垂直相交。当压缩行程结束、做功行程开始,活塞越过上止点时,侧向力方向改变,活塞由次推力面贴紧汽缸壁突然转变为主推力面贴紧汽缸壁,活塞与汽缸发生"拍击"(图2-2-10a),产生噪声,且有损活塞的耐久性。在许多高速发动机中,活塞销孔轴线朝主推力面一侧偏离活塞轴线 1~2mm。这时,压缩压力将使活塞在接近上止点时发生倾斜(图2-2-10b),活塞在越过上止点时,将逐渐地由次推力面转变为由主推力面贴紧汽缸壁,从而消减了活塞对汽缸的拍击。

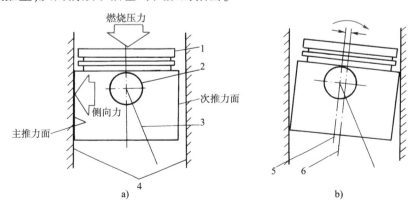

图 2-2-10 销孔位置对侧向力变向时活塞运动的影响
1-活塞;2-活塞销孔;3-连杆;4-汽缸壁;5-销孔轴线;6-活塞轴线

（3）活塞的冷却。

高强化发动机,尤其是活塞顶上有燃烧室凹坑的柴油机,为了减小活塞顶部和头部的热负荷而采用油冷活塞。用机油冷却活塞的方法有：

①自由喷射冷却法：从连杆小头上的喷油孔或从安装在机体上的喷油嘴向活塞顶内壁喷射机油（图2-2-11a、b）。

②振荡冷却法：从连杆小头上的喷油孔将机油喷入活塞内壁的环形油槽中,由于活塞的运动使机油在槽中产生振荡而冷却活塞（图2-2-11c）。

③强制冷却法：在活塞头部铸出冷却油道或铸入冷却油管,使机油在其中强制流动以冷却活塞（图2-2-11d）。强制冷却法广为增压发动机所采用。

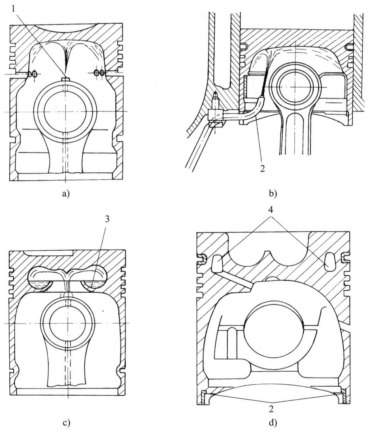

图2-2-11 油冷活塞
1-喷油孔；2-喷油嘴；3-环形油槽；4-冷却油道

（4）活塞的表面处理。

根据不同的目的和要求,进行不同的活塞表面处理,其方法有：

①活塞顶进行硬膜阳极氧化处理,形成高硬度的耐热层,增大热阻,减少活塞顶部的吸热量。

②活塞裙部镀锡或镀锌,可以避免在润滑不良的情况下运转时出现拉缸现象,也可以起到加速活塞与汽缸的磨合作用。

③在活塞裙部涂覆石墨,石墨涂层可以加速磨合过程,可使裙部磨损均匀,在润滑不良的情况下可以避免拉缸。

2)活塞环

(1)活塞环的功用。

活塞环(图2-2-12)有气环和油环两种,它们具有不同的功能,分别装在活塞的气环槽和油环槽内。

气环具有密封和导热两大基本功能。

如图2-2-12所示,油环的主要功用是刮除飞溅到汽缸壁上的多余机油,并在汽缸壁上涂布一层均匀的油膜。

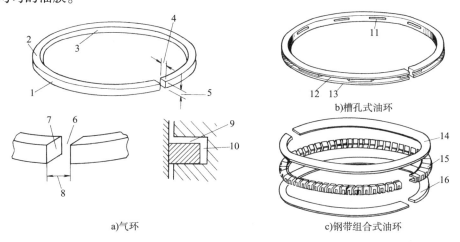

图2-2-12 活塞环各部名称

此外,气环和油环还分别起到刮油和密封的辅助作用。

(2)气环的工作条件及材料。

气环的工作条件是十分严酷的,首先,气环在工作时受到汽缸中高温、高压燃气的作用,并在润滑不良的条件下在汽缸内高速滑动。

根据活塞环的功用和工作条件,气环的材料应具有良好的耐磨性、导热性、耐热性、冲击韧性、弹性和足够的机械强度。一般来说,铸铁可以满足这些要求。所以,最常用的气环材料是耐磨性好、弹性模量较低、储油性好的片状石墨灰铸铁,在其中添加一定量的铜、铬、钼等合金元素。

目前广泛应用的活塞环材料有优质灰铸铁、球墨铸铁、合金铸铁和钢带等。

(3)气环。

①气环的密封机理。

活塞环在自由状态下,由于开口的张开,环的外径略大于汽缸直径;而装入汽缸后,由于径向弹力的作用使环的外圆面与汽缸壁贴紧形成所谓的"第一密封面",汽缸内的高压气体不可能通过第一密封面泄漏。而在工作条件下,一旦燃气压力产生,则气环就在燃气压力作用下压紧在环槽的下端面上,形成所谓的"第二密封面"。高压气体也不可能通过第二密封面泄漏。另外几道活塞环开口相互错开,形成"迷宫式"通道,加强了密封性。

综上所述,第一、二密封面必须贴合严密。因此,环的外圆面与汽缸面、环与环槽的侧面都必须形状正确,形状误差和表面粗糙度要小、间隙适当。开口端间隙一般为 0.25～0.8mm,第一道气环的温度最高,其端隙也最大。端隙过大,漏气过小,活塞环受热膨胀后可能卡死甚至折断。

②气环开口形状。

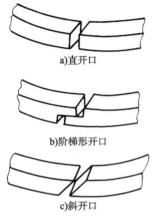

图 2-2-13 气环的开口形状

开口形状对漏气量有一定影响。直开口(图 2-2-13a)工艺性好,但密封性差;阶梯形开口(图 2-2-13b)密封性好,工艺性差;斜开口(图 2-2-13c)的密封性和工艺性介于前两种开口之间,斜角一般为 30°或 45°。

③气环的断面形状。

气环的断面形状多种多样,根据发动机的结构特点和强化程度,选择不同断面形状的气环组合,可以得到最好的密封效果和使用性能。常见的气环断面形状,如图 2-2-14 所示。

矩形环,断面为矩形,形状简单,加工方便,与汽缸壁接触面积大,有利于活塞散热,但磨合性差,而且"泵油作用"明显(图 2-2-15),使机油消耗量增加,造成活塞及燃烧室壁面积炭。

锥面环,环的外圆面为锥角很小的锥面(0.5°～1.5°)。理论

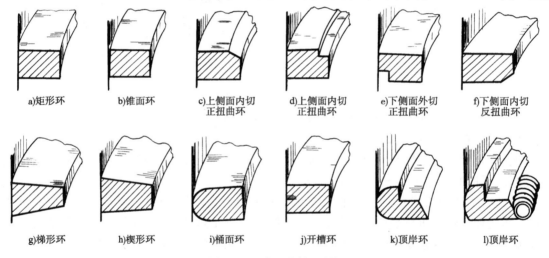

图 2-2-14 气环的断面形状

上锥面环与汽缸壁为线接触,利于磨合和密封,活塞下行时有刮油的作用,活塞上行时有布油作用。锥面环传热性差,所以不用作第一道气环。安装时注意环上侧面标有向上的记号。

扭曲环,断面不对称的气环装入汽缸后,由于弹性内力的作用使断面发生扭转,故称扭曲环。

若将内圆面的上边缘或外圆面的下边缘切掉一部分,整个气环将扭曲成碟子形,这种环为正扭曲环(图 2-2-14c、d、e);若将内圆面的下边缘切掉一部分,气环将扭曲成盖子形,这种环称为反扭曲环(图 2-2-14f)。在环面上切去部分金属,称为切台。

梯形环,断面为梯形。这种环随活塞装入汽缸后,在变化的侧压力作用下,由于活塞不断左右摆动(图 2-2-16),使活塞环在环槽中也不断做径向运动,从而可以将环槽间隙中的胶

状油焦、积炭等挤出。由于梯形环具有良好的抗结胶性能，所以通常用于柴油机的第一道气环，如潍柴 WD615 柴油机就是采用这种梯形环作为第一道气环，并且为了增强其耐热性，还进行了镀陶处理，使用寿命大大提高。

桶面环，环的外圆面为外凸圆弧形。其密封性、磨合性及对汽缸壁表面形状的适应性都比较好。桶面环在汽缸内不论上行或下行均能形成楔形油膜，将环浮起，从而减轻环与汽缸壁的磨损。

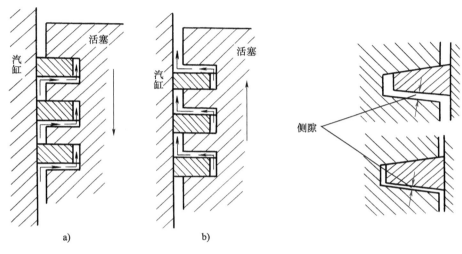

图 2-2-15 矩形环的泵油作用　　图 2-2-16 梯形环侧隙的变化

（4）油环。

油环类型油环有槽孔式、槽孔撑簧式和钢带组合式三种类型。

①槽孔式油环。

因为油环的内圆面基本上没有气体力的作用，所以槽孔式油环的刮油能力主要靠油环自身的弹力。为了减小环与汽缸壁的接触面积，增大接触压力，在环的外圆面上加工出环形集油槽，形成上下两道刮油唇，在集油槽底加工有回油孔。由上下刮油唇刮下来的机油经回油孔和活塞上的回油孔流回油底壳。槽孔式油环的断面形状，如图 2-2-17 所示。这种油环结构简单，加工容易，成本低。

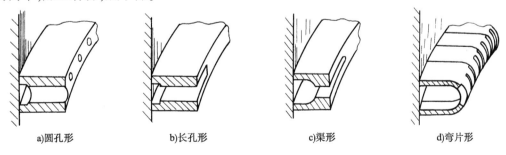

a)圆孔形　　b)长孔形　　c)渠形　　d)弯片形

图 2-2-17 槽孔式油环的断面形状

②槽孔撑簧式油环。

在槽孔式油环的内圆面加装撑簧即为槽孔式撑簧油环。一般作为油环撑簧的有螺旋弹簧、板形弹簧和轨形弹簧三种（图 2-2-18）。这种油环由于增大了环与汽缸壁的接触压力，而使环的刮油能力和耐久性有所提高。

③钢带组合油环。

钢带组合油环结构形式很多,图2-2-19所示的钢带组合油环由上下刮片和轨形撑簧组合而成。撑簧不仅使刮片与汽缸壁贴紧,而且还使刮片与环槽侧面贴紧。这种组合油环的优点是接触压力大,既可增强刮油能力,又能防止上窜机油。另外,上下刮片能单独动作,因此对汽缸失圆和活塞变形的适应能力强。但钢带组合油环需用优质钢制造,成本高。

a)板形撑簧油环

b)螺旋撑簧油环

c)轨形撑簧油环

图2-2-18 槽孔撑簧式油环

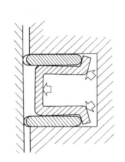
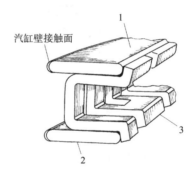

图2-2-19 钢带组合油环
1-上刮片;2-下刮片;3-轨形撑簧

3)活塞销

(1)活塞销的功用及工作条件。

活塞销用来连接活塞和连杆,并将活塞承受的力传给连杆。

活塞销在高温条件下承受很大的周期性冲击负荷,且由于活塞销在销孔内摆动角度不大,难以形成润滑油膜,因此润滑条件较差。

(2)活塞销材料及结构。

活塞销的材料一般为低碳钢或低碳合金钢,如20、20Mn、15Cr或20MnV等。外表面渗碳淬硬,再经精磨和抛光等精加工。这样既提高了表面硬度和耐磨性,又能保证有较高的强度和冲击韧性。

活塞销的结构形状很简单,基本上是一个厚壁空心圆柱。其内孔形状有圆柱形、两段截锥形和组合形(图2-2-20)。圆柱形孔加工容易,但活塞销的质量较大;两段截锥形孔的活塞销质量较小,且因为活塞销所承受的弯矩在其中部最大,所以接近于等强度梁,但锥孔加工较困难。

2. 连杆组

汽车发动机的连杆组通常由连杆体、连杆盖、连杆螺栓、连杆衬套、连杆轴承等零件组成

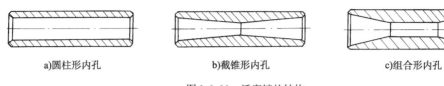

a) 圆柱形内孔　　　b) 截锥形内孔　　　c) 组合形内孔

图 2-2-20　活塞销的结构

（图 2-2-21）。

1）连杆组的功用及工作条件

连杆组的功用是将活塞承受的力传给曲轴，并将活塞的往复运动转变为曲轴的旋转运动。

连杆小头与活塞销连接，同活塞一起做往复运动，连杆大头与曲柄销连接，同曲轴一起做旋转运动，因此在发动机工作时连杆做复杂的平面运动。连杆组主要受压缩、拉伸和弯曲等交变负荷。最大压缩载荷出现在做功行程上止点附近，最大拉伸载荷出现在进气行程上止点附近。在压缩载荷和连杆组做平面运动时产生的横向惯性力的共同作用下，连杆体可能发生弯曲变形。

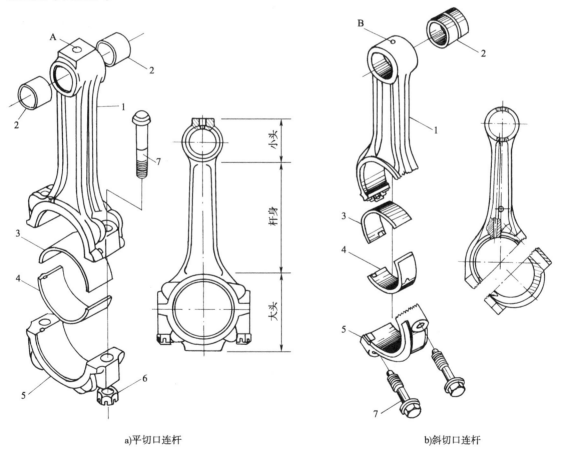

a) 平切口连杆　　　b) 斜切口连杆

图 2-2-21　连杆组及其各部名称

1-连杆体；2-连杆衬套；3-连杆轴承上轴瓦；4-连杆轴承下轴瓦；5-连杆盖；6-螺母；7-连杆螺母；A-集油孔；B-喷油孔

2）连杆组材料

连杆体和连杆盖由优质中碳钢或中碳合金钢,如45、40Cr、42CrMo或40MnB等模锻或辊锻而成。连杆螺栓通常用优质合金钢40Cr或35CrMo制造。一般均经喷丸处理,以提高连杆组零件的强度。

纤维增强铝合金连杆以其质量小、综合性能好而备受瞩目。在相同强度和刚度的情况下,纤维增强铝合金连杆比用传统材料制造的连杆要轻30%。

3)连杆构造

连杆由小头、杆身和大头构成。

(1)连杆小头。

连杆小头的结构形状取决于活塞销的尺寸及其与连杆小头的连接方式。

在汽车发动机中,连杆小头与活塞销的连接方式有两种,即全浮式和半浮式(图2-2-22)。

全浮式活塞销工作时,在连杆小头孔和活塞销孔中转动,可以保证活塞销沿圆周磨损均匀。为防止活塞销两端刮伤汽缸壁,在活塞销孔外侧装置活塞销挡圈。另外,在连杆小头孔内以一定的过盈压入减磨青铜衬套或钢背加青铜镀层的双金属衬套,以减轻其磨损(图2-2-22a)。在小头和衬套上加工有集油孔或集油槽,用来收集飞溅上来的机油,以润滑活塞销和连杆衬套。有的发动机在连杆杆身上加工有纵向油道(图2-2-22b),机油经此油道到达连杆小头,一部分用来润滑活塞销和衬套,另一部分用来冷却活塞。

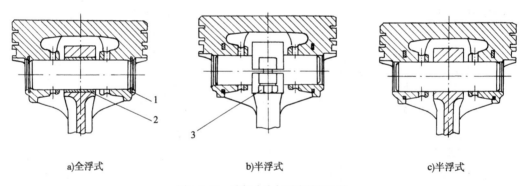

a)全浮式　　　　b)半浮式　　　　c)半浮式

图2-2-22　连杆小头与活塞销的连接
1-活塞销挡圈；2-连杆衬套；3-小头紧固螺栓

图2-2-22b)所示的半浮式活塞销是用螺栓将活塞销夹紧在连杆小头孔内,这时活塞销只在活塞销孔内转动,在小头孔内不转动。小头孔不装衬套,销孔中也不装活塞销挡圈。目前,在高速汽油机中日益普遍地采用另一种半浮式连接方式(图2-2-22c),这种方式首先将连杆小头加热到300°C左右,再将活塞销压入小头孔中,不用螺栓紧固,从而避免了因为过度拧紧螺栓而使活塞销变形的弊病。半浮式活塞销可以降低发动机噪声并消除活塞销挡圈可能引起的事故。

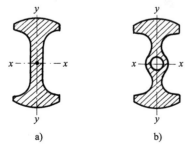

图2-2-23　杆身的工字形端面

(2)连杆杆身。

杆身断面为工字形,刚度大、质量小、适于模锻。工字形断面的y—y轴(图2-2-23)在连杆运动平面内。有的连杆在杆身内加工有油道(图2-2-23b),用来润滑小头衬套或冷却活塞。如果是后者,须在小头顶部加工出喷油孔。

(3) 连杆大头。

连杆体的下部与连杆盖合在一起,称为连杆大头。连杆大头是剖分的,连杆盖用螺栓或螺柱紧固,为使接合面在任何转速下都能紧密接合,连杆螺栓的拧紧力矩必须足够大。

连杆大头的剖分可分为垂直于连杆中心线的平切口连杆(图2-2-24a)和相对于连杆中心线倾斜30°~60°的斜切口连杆(图2-2-24b)。平切口连杆体大端的刚度较大,因此大头孔受力变形较小,而且平切口连杆制造费用较低。汽油机连杆均采用平切口,柴油机连杆既有平切口的也有斜切口的。一般柴油机由于曲柄销直径较大,因此连杆大头的外形尺寸相应较大,为在拆卸时能从汽缸上端取出连杆体,此时必须采用斜切口连杆。

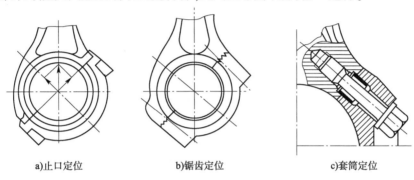

a) 止口定位　　　　b) 锯齿定位　　　　c) 套筒定位

图 2-2-24　斜切口连杆盖的定位方式

为防止连杆体与连杆盖装配时错位,破坏连杆轴承与曲柄销的正确配合关系,特别是在采用斜切口连杆时体与连杆盖接合面处要受剪切力,所以连杆体与连杆盖之间必须有严格的定位措施,以防止连杆盖横向位移。平切口连杆大多数利用连杆螺栓中部精加工的圆柱部分来定位。斜切口连杆的连杆螺栓由于承受较大的剪切力而容易发生疲劳破坏。为此,应该采用能够承受横向力的定位方法。

① 止口定位。

利用连杆盖与连杆体大端的止口进行定位(图2-2-24a),由止口承受横向力。这种方法工艺简单,但连杆大头外形尺寸大,止口变形后定位不可靠。

② 锯齿定位。

在连杆体与连杆盖的接合面上拉削出锯齿,依靠齿面实现横向定位(图2-2-24b)。这种定位方法的优点是锯齿接触面大、贴合紧密、定位可靠、结构紧凑,因此在斜切口连杆上应用最广泛。

③ 套筒定位。

在连杆盖上的每一个连杆螺栓孔中,同心地压入刚度大、抗剪切的定位套筒(图2-2-24c),套筒外圆与连杆体大端的定位孔为高精度动配合。这种定位方法的优点是多向定位,定位可靠。缺点是工艺要求高,若定位孔距不准,则会发生过定位而引起连杆孔失圆。另外,连杆大头的横向尺寸较大。连杆大头孔是在连杆体与连杆盖组合之后镗削的,在连杆体和连杆盖的同一侧刻有配对记号。在拆卸之后重新装配时必须对号入座。大头孔表面粗糙度和形状误差很小,以保证能与连杆轴承紧密结合。

(4) 连杆螺栓。

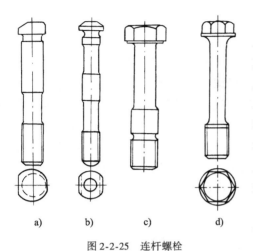

a)　b)　c)　d)

图 2-2-25　连杆螺栓

工作时,连杆螺栓承受交变载荷,因此在结构上应尽量增大连杆螺栓的弹性,而在加工方面要精细加工过渡圆角,消除应力集中,以提高其抗疲劳强度。图 2-2-25a)、b)所示为用于平切口连杆的连杆螺栓。螺栓头部相对的两面铣平,当将其安装在连杆体大端相应的凹槽内时,可以防止拧紧螺母时螺栓随动。图 2-2-25c)、d)所示则是用在斜切口连杆上的连杆螺栓。其非定位圆柱面的直径通常小于螺纹内径,目的是为了增大螺栓的弹性。

连杆螺栓用优质合金钢制造,如 40Cr、35CrMo 等。经调质后滚压螺纹,表面进行防锈处理。

连杆螺栓在屈服极限以内工作,只要加工精确,一般不需要锁紧装置,但装配时必须按规定的拧紧力矩或按拧动的角度分几次拧紧。但也有些发动机使用锁紧装置或防松胶,以防止连杆螺栓松动。

4)V 形发动机连杆

V 形发动机左右两个汽缸的连杆安装在同一个曲柄销上,其结构随安装形式的不同而不同(图 2-2-26)。

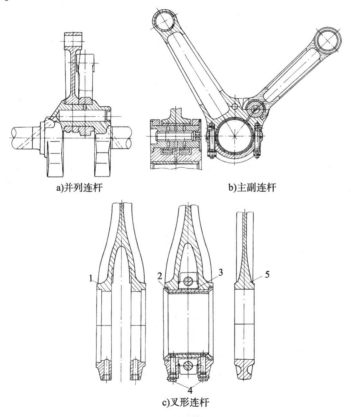

a)并列连杆　　b)主副连杆

c)叉形连杆

图 2-2-26　V 形发动机连杆
1-叉形连杆;2-叉形连杆轴承;3-内连杆轴承;4-定位销;5-内连杆

(1)并列连杆(图 2-2-26a)两个完全相同的连杆一前一后并列地安装在同一个曲柄销上。优点是前后连杆可以通用,左右两列汽缸的活塞运动规律相同。缺点是曲轴长度增加,刚度降低。

(2)主副连杆(图 2-2-26b)一个主连杆一个副连杆,副连杆通过销轴铰接在主连杆体或主连杆盖上。一列汽缸装主连杆,另一列汽缸装副连杆,主连杆大头安装在曲轴的曲柄销上。其优点是不会增加发动机的长度,缺点是主副连杆不能互换。

(3)叉形连杆(图 2-2-26c)指一列汽缸中的连杆大头为叉形;另一列汽缸中的连杆与普通连杆类似,只是大头的宽度较小,一般称其为内连杆。叉形连杆 1 安装在曲轴的曲柄销上,内连杆 5 则插在叉形连杆大头的开裆中。内连杆轴承 3 套在叉形连杆轴承 2 的外圆面上,并绕其摆动。叉形连杆的优点是两列汽缸中活塞的运动规律相同,两列汽缸无需错开。缺点是叉形连杆大头结构复杂,制造比较困难,维修也不方便,且大头刚度较差。

任务实施

1. 技术标准与要求
(1)试验场地须清洁、安全。
(2)严格按操作规范进行操作。如要求使用专用工具,则必须满足此项要求。
(3)以 4~6 人为一个试验小组,能在 4h 内完成此项目。

2. 设备器材
(1)WP10 柴油机。
(2)常用、专用工具。
(3)柴油机翻转架、零件架。
(4)机油、润滑脂、棉纱等辅料。

3. 操作步骤
(1)清理活塞连杆组各接合面,WP10 柴油机活塞连杆组结构如图 2-2-27 所示。

(2)活塞连杆预装,活塞预装技术要求。
①装配油环时,油环开口与油环内弹簧开口不能重叠,两道气环(上为梯形环、下为锥面环),安装时标记字母面朝上(图 2-2-28)。
②连杆大头开口背向活塞豁口处,活塞挡圈要与活塞竖直方向呈 45°左右(图 2-2-29)。
③第一道气环开口与活塞销孔呈 30°,三道气环开口依次呈 120°(图 2-2-30)。

(3)活塞连杆组总装技术要求。
①连杆大头端连杆体与连杆盖配对数字必须一致(图 2-2-31),以保证总装的合格(图 2-2-32)。
②连杆螺栓(M14×1.5,只可使用一次)第一次拧紧力矩为 120N·m,第二次转角 90°±5°,最后拧紧力矩为 170~250N·m。连杆螺栓拧紧示意如图 2-2-33。

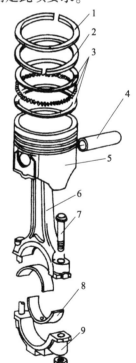

图 2-2-27 活塞连杆组结构图
1-第一道气环;2-第二道气环;3-组合油环;4-活塞环;5-活塞;6-连杆;7-连杆螺栓;8-连杆轴承;9-连杆盖

③活塞装配顺序为4-3-6-1-2-5。

(4)盘车到一缸活塞处于上止点位置(图2-2-34)。

图2-2-28　活塞环安装示意图　　　　图2-2-29　活塞连杆预装图

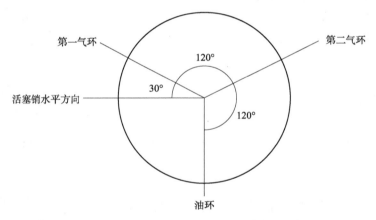

图2-2-30　活塞环开口方向示意图

图2-2-31　连杆大头配对号示意图　　　图2-2-32　活塞连杆组总装示意图

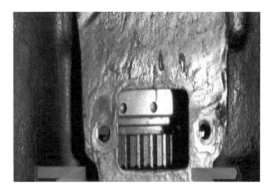

图 2-2-33 连杆螺栓拧紧示意图　　　图 2-2-34 盘车到上止点示意图

任务评价

活塞连杆组结构与检修评价,见表 2-2-1。

活塞连杆组结构与检修评价表　　　表 2-2-1

序号	内容及要求	评分	评分标准	自评	组评	师评	得分
1	准备	10	1.进入工位前,穿好工作服,保持穿着整齐(4分); 2.准备好相关实训材料(记录本、笔)(3分); 3.检查相关配套实训资料(维修手册、使用说明书等)(3分)				
2	清洁	5	按要求清理工位,保持周边环境清洁				
3	专用设备与工具准备	5	按要求检查设备、工具数量和完好程度等				
4	清理活塞连杆组各接合面	5	工具使用正确,操作规范,操作流程完整				
5	活塞连杆组预装,装配活塞环,保证各环位置与方向正确	10	工具使用正确,操作规范,操作流程完整				
6	活塞连杆组预装,保证连杆与活塞方向正确	10	工具使用正确,操作规范,操作流程完整				
7	活塞连杆组总装,按汽缸号顺序及配对号顺序检查	10	工具使用正确,操作规范,操作流程完整				

续上表

序号	内容及要求	评分	评分标准	自评	组评	师评	得分
8	活塞连杆组总装,连杆螺栓(M14×1.5,只可使用一次)第一次拧紧力矩为120N·m,第二次转角90°±5°,最后拧紧力矩为170~250N·m	10	工具使用正确,操作规范,操作流程完整				
9	手感检查活塞连杆组安装好后有无轴向间隙	10	工具使用正确,操作规范,操作流程完整				
10	盘车到发动机一缸活塞处于上止点位置	5	工具使用正确,操作规范,操作流程完整				
11	结论	10	操作过程正确、完整,能够正确回答老师提问				
12	安全文明生产	10	结束后清洁(5分);工量具归位(5分)				

指导教师总体评价:

指导教师_____
____年___月___日

练一练

一、单项选择题

1. 现代汽车发动机不论是汽油机还是柴油机,均广泛采用(　　)。
   A. 碳钢活塞　　　　　B. 铸铁活塞　　　　　C. 陶瓷活塞　　　　　D. 铝合金活塞

2. 由活塞顶至(　　)之间的部分称为活塞头部。
   A. 第一道活塞环上端面　　　　　　　　B. 第一道活塞环下端面
   C. 油环槽上端面　　　　　　　　　　　D. 油环槽下端面

3. 最常用的气环材料是耐磨性好、弹性模量较低、储油性好的(　　)。
   A. 片状石墨灰铸铁　　　　　　　　　　B. 球墨铸铁
   C. 可锻铸铁　　　　　　　　　　　　　D. 白口铸铁

4. 连杆体和连杆盖由(　　)制成。
   A. 优质中碳钢或中碳合金钢　　　　　　B. 优质高碳钢或高碳合金钢
   C. 优质低碳钢或低碳合金钢　　　　　　D. 优质工具钢或铸铁

5. 在连杆体与连杆盖的接合面上拉削出锯齿,依靠齿面实现(　　)。
   A. 周向定位　　　　　　　　　　B. 横向定位
   C. 纵向定位　　　　　　　　　　D. 径向定位

二、多项选择题

1. 气环具有(　　)两大基本功能。
   A. 密封　　　　B. 自行润滑　　　　C. 导热　　　　D. 导电
2. 油环有(　　)三种类型。
   A. 槽孔式　　　　　　　　　　　B. 槽孔撑簧式
   C. 钢带组合式　　　　　　　　　D. 波纹管式
3. 活塞销的材料一般为(　　)。
   A. 中碳钢　　　　　　　　　　　B. 低碳钢
   C. 低碳合金钢　　　　　　　　　D. 高碳钢
4. 汽车发动机的连杆组通常由(　　)、连杆衬套、连杆轴承等零件组成。
   A. 连杆体　　　　　　　　　　　B. 连杆盖
   C. 活塞销　　　　　　　　　　　D. 连杆螺栓
5. 为防止连杆体与连杆盖装配时错位,能够承受横向力的定位方法是(　　)。
   A. 止口定位　　　　　　　　　　B. 螺栓定位
   C. 锯齿定位　　　　　　　　　　D. 套筒定位

三、判断题

1. 活塞是发动机中工作条件最严酷的零件。　　　　　　　　　　　　　(　　)
2. 活塞顶与高温燃气直接接触,使活塞顶的温度很高,活塞各部的温差很小。(　　)
3. 为减少活塞顶受热,可在活塞顶上焊一层不锈钢片。因为不锈钢耐热且吸热缓慢,所以能减小活塞顶部的热负荷并可提高发动机热效率。(　　)
4. 矩形环,断面为矩形,形状简单,加工方便,与汽缸壁接触面积大,有利于活塞散热,"泵油作用"不明显。(　　)
5. 在汽车发动机中,连杆小头与活塞销的连接方式有两种,即不浮式和半浮式。(　　)

四、分析题

1. 在第一道气环槽上方设置一道较窄的隔热槽,其作用是什么?
2. 用机油冷却活塞的方法有哪些?
3. 全浮式活塞销和半浮式活塞销有何优缺点?

学习任务 2.3　曲轴飞轮组结构与拆装

任务目标

通过本任务的学习,应能:
1. 描述曲轴飞轮组总体组成。
2. 描述曲轴飞轮组各零部件的结构特点和工作原理。

3．使用通用和专用工具装配WP10柴油机曲轴飞轮组。

任务导入

某重型载货汽车行驶近40万km，客户反映在行驶过程中，发动机有沉闷异响声，踩下离合器踏板，响声消失。进入维修厂检查，初步判定曲轴轴向间隙过大，导致曲轴轴向窜动，发动机需要拆检。

任务准备

1．曲轴

1）曲轴的功用及工作条件

曲轴的功用是把活塞、连杆传来的气体力转变为转矩，用以驱动汽车的传动系统和发动机的配气机构以及其他辅助装置。

曲轴在周期性变化的气体力、惯性力及其力矩的共同作用下工作，承受弯曲和扭转交变载荷。因此，曲轴应有足够的抗弯曲、抗扭转的疲劳强度和刚度；轴颈应有足够大的承压表面和耐磨性；曲轴的质量应尽量小；对各轴颈的润滑应该充分。

曲轴各部名称，如图2-3-1所示。

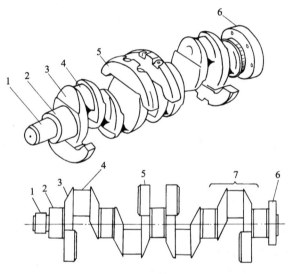

图2-3-1　曲轴各部名称

1-曲轴前端；2-主轴径；3-曲柄臂；4-曲柄销；5-平衡重；6-曲轴后端；7-单元曲拐

2）曲轴材料

曲轴一般由45、40Cr、35Mn2等中碳钢和中碳合金钢模锻而成，轴颈表面经高频淬火或氮化处理，最后进行精加工。

现代汽车发动机广泛采用球墨铸铁曲轴，球墨铸铁价格便宜，耐磨性能好，轴颈不需硬化处理，同时金属消耗量少，机械加工量也少。

3）曲轴构造

曲轴基本上由若干个单元曲拐构成。一个曲柄销，左右两个曲柄臂和左右两个主轴颈构成一个单元曲拐(图2-3-2)。多数发动机的曲轴在其曲柄臂上装有平衡重。

(1)按单元曲拐连接方法不同分类。

按单元曲拐连接方法的不同,曲轴分为整体式和组合式两类。

①整体式曲轴。

各单元曲拐锻制或铸造成一个整体曲轴的称为整体式曲轴。其优点是工作可靠,质量小、结构简单、加工面少,为中小型发动机所广为采用。

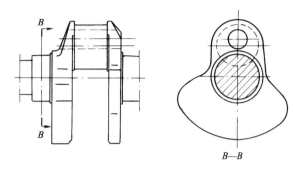

图2-3-2 空心曲柄销锻制曲轴

②组合式曲轴。

由单元曲拐组合装配而成的曲轴称为组合式曲轴。单元曲拐便于制造,即使是大型曲轴也无需大型专用制造设备。另外,单元曲拐如果加工超差或使用中损坏也可以更换,而不必将整根曲轴报废。其缺点是结构复杂,拆装不便。

(2)按曲轴主轴颈数多少分类。

按曲轴主轴颈数的多少,曲轴可分为全支承曲轴和非全支承曲轴。

①全支承曲轴。

在相邻的两个曲拐间都有主轴颈的曲轴为全支承曲轴。其优点是抗弯曲能力强,并可减小主轴承的载荷。但主轴颈多,加工表面多,曲轴和机体相应较长。现代汽车发动机多采用全支承整体式曲轴。

②非全支承曲轴。

主轴颈数少于全支承曲轴的称为非全支承曲轴。其优缺点与全支承曲轴恰好相反。

主轴颈和曲柄销一般是实心的,部分锻钢曲轴将曲柄销制成空心的(图2-3-3),旨在减小曲柄销的质量及其产生的旋转惯性力。部分铸铁曲轴将主轴颈和曲柄销均铸成空心的并具有桶形内腔,在曲柄臂上铸有卸载槽,以减小应力集中和增加疲劳强度。

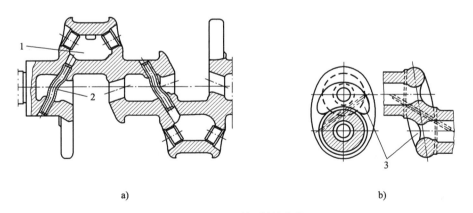

图2-3-3 空心轴颈铸铁曲轴
1-桶形空腔;2-油管;3-卸载槽

主轴颈和曲柄销均需润滑。机油经机体上的油道进入主轴承润滑主轴颈,再从主轴颈沿曲轴中的油孔(实心轴颈)进入连杆轴承润滑曲柄销(图2-3-4a),或沿着压入曲轴中的油管(空心轴颈)流向曲柄销(图2-3-3)。通常,进入曲柄销空腔中的机油在离心力的作用下,其中的机械杂质沉积在空腔的壁面上,空腔中心的洁净机油经油管进入曲柄销工作表面(图2-3-4b)。但是高速发动机由于离心力过大,可能造成曲柄销空腔中心无机油,从而使曲柄销表面得不到润滑。为了保证曲柄销的可靠润滑,在装有全流式机油滤清器的发动机中,曲轴中的油孔绕过曲柄销空腔直通曲柄销表面(图2-3-4c)。

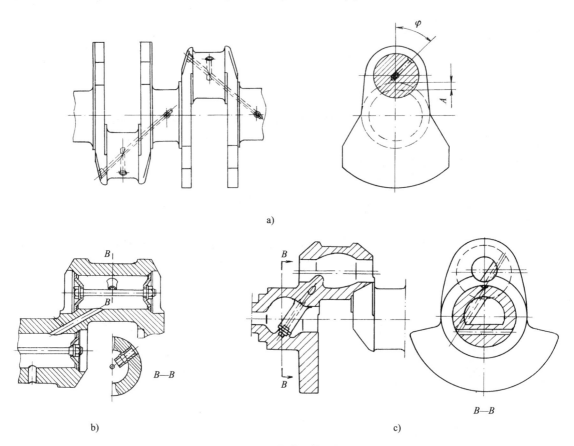

图2-3-4 连杆轴承供油方式

曲柄臂用来连接主轴颈和曲柄销。曲柄臂一般是椭圆形的,因为椭圆形曲柄臂有较高的弯曲刚度和扭转刚度。曲柄臂的重心应尽可能靠近曲轴的回转中心。在非全支承曲轴中,连接两个曲柄销的中间曲柄臂形状比较复杂,一般不进行机械加工。

曲轴平衡重用来平衡旋转惯性力及其力矩。对于曲拐呈镜像对称布置的四缸和六缸等发动机,其旋转惯性力和旋转力矩是外部平衡的,但是内部不平衡,曲轴仍承受内弯矩的作用。

若在曲轴的每个曲柄臂上都装设平衡重,则称完全平衡法。这时,平衡重产生的旋转惯性力分别抵消每个曲拐产生的旋转惯性力,使曲轴不受内弯矩的作用。但是完全平衡法的平衡重数量较多,曲轴质量增加,工艺性变差。若只在部分曲柄臂上装设平衡重,则称分段平衡法。把曲轴分成两段,分别对各段进行平衡。例如,直列四缸发动机曲轴采用四块平衡重,利用平衡重产生反力矩以平衡力矩,从而可以减小整个曲轴的内弯矩。

平衡重形状多成扇形,使其重心远离曲轴回转中心,以期在较小的质量下获得较大的旋转惯性力。有的平衡重与曲柄臂锻或铸成一体(图2-3-5a),有的则是单独制成零件,再用螺栓紧固在曲柄臂上(图2-3-5b、c)。

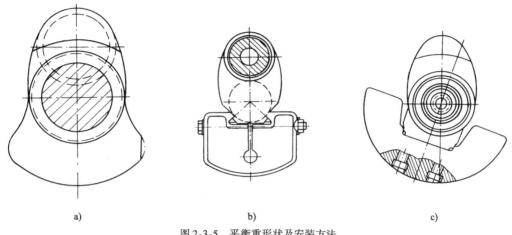

图 2-3-5 平衡重形状及安装方法

4) 曲拐排列与发火次序

为了使发动机运转平稳,因此希望四冲程发动机曲轴每转两周各汽缸都能做功一次,以曲轴转角表示的各缸发火间隔时间应相等,同时要求依次做功的两缸间距尽可能远,以减轻主轴承负荷,避免进气干涉,影响进气。

对于汽缸数为 i 的单列式四冲程发动机来说,各缸的发火间隔应为 $720°/i$(对二冲程直列发动机来说,为 $360°/i$)。而 V 形发动机左右两列汽缸可按"交替式"或"填补式"的方法发火,前者应用较多,其特点是左右两列汽缸轮流交替发火,在此情况下两列汽缸的发火次序是相同的,发火间隔也是均匀的,然而,同排异列汽缸发火间隔为 V 形夹角,所以,整台发动机的发火间隔是不均匀的。

四冲程直列六缸发动机曲拐布置如图 2-3-6 所示,六个曲拐分别布置在三个平面内,各平面夹角为 120°,发火间隔角为 720°/6 = 120°。工作次序有 1-5-3-6-2-4 或 1-4-2-6-3-5,前者应用比较普遍。其工作循环见表 2-3-1。

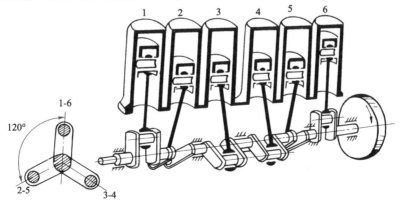

图 2-3-6 四冲程直列六缸发动机的曲拐布置

四冲程直列六缸发动机工作循环表（工作顺序 1-5-3-6-2-4） 表 2-3-1

曲轴转角(°)		第一缸	第二缸	第三缸	第四缸	第五缸	第六缸
0~180	0~60	做功	排气	压缩	做功	压缩	进气
	60~120	做功	排气	压缩	排气	压缩	进气
	120~180	做功	进气	压缩	排气	做功	进气
180~360	180~240	排气	进气	压缩	排气	做功	压缩
	240~300	排气	进气	做功	进气	做功	压缩
	300~360	排气	压缩	做功	进气	排气	压缩
360~540	360~420	进气	压缩	做功	进气	排气	做功
	420~480	进气	压缩	排气	压缩	排气	做功
	480~540	进气	做功	排气	压缩	进气	做功
540~720	540~600	压缩	做功	排气	压缩	进气	排气
	600~660	压缩	做功	进气	做功	进气	排气
	660~720	压缩	排气	进气	做功	压缩	排气

2. 曲轴前、后端密封

曲轴前端借助甩油盘和橡胶油封实现密封（图 2-3-7）。发动机工作时，落在甩油盘 2 上的机油，在离心力的作用下被甩到定时传动室盖的内壁上，再沿壁面流回油底壳。即使有少量机油落到甩油盘前面的曲轴上，也会被装在定时传动室盖上的自紧式橡胶油封 1 挡住。

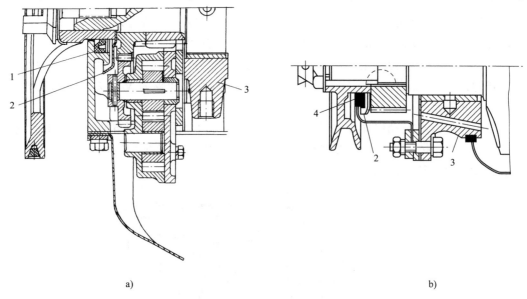

图 2-3-7 曲轴前端的密封
1-自紧式橡胶油封；2-甩油盘；3-第一主轴承盖；4-密封填料

曲轴后端的密封装置，如图 2-3-8 所示。由于近年来橡胶油封耐油、耐热和耐老化性能的提高，在现代汽车发动机上曲轴后端的密封愈来愈多地采用与曲轴前端一样的自紧式橡胶油封（图 2-3-8d）。自紧式油封由金属保持架、氟橡胶密封环和拉紧弹簧构成。

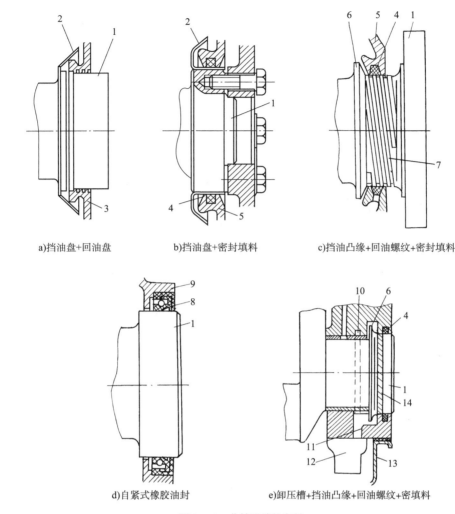

a) 挡油盘+回油盘　　b) 挡油盘+密封填料　　c) 挡油凸缘+回油螺纹+密封填料

d) 自紧式橡胶油封　　e) 卸压槽+挡油凸缘+回油螺纹+密封填料

图 2-3-8　曲轴后端的密封

1-曲轴后端；2-挡油盘；3-回油盘；4-密封填料；5-填料座；6-挡油凸缘；7-回油螺纹；8-橡胶油封；9-油封座；10-卸油槽；11-回油孔；12-主轴承盖；13-油底壳；14-回油螺旋槽

回油螺纹是在曲轴后端加工出的矩形或梯形右旋螺纹,其工作原理如图 2-3-9 所示。当曲轴旋转时,进入回油螺纹槽内的机油被曲轴带动旋转,并受到密封填料的摩擦阻力 F_r。F_r 可分解为平行于螺纹的分力 F_{r1} 和垂直于螺纹的分力 F_{r2}。机油在 F_{r1} 的作用下沿着螺纹槽被推送向前,流回油底壳。

3. 飞轮

在发动机工作过程中,飞轮具有储存能量、释放能量、均衡转速的作用。

飞轮是摩擦式离合器的主动件,在飞轮轮缘上镶嵌有供起动发动机用的飞轮齿圈;在飞轮上还刻有上止点记号,用来校准点火定时或喷油定时以及调整气门间隙。

飞轮结构形状的特征是,大部分质量集中在轮缘上,所以轮缘做得又宽又厚,以便在较小的飞轮质量下获得较大

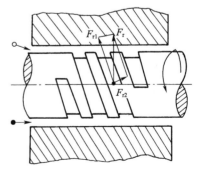

图 2-3-9　回油螺纹的封油原理

的转动惯量。

飞轮多用灰铸铁制造,当轮缘的圆周速度超过50m/s时,应采用球墨铸铁或铸钢制造。

飞轮应与曲轴一起进行动平衡。为保持平衡后曲轴与飞轮的相对位置,通常采用定位销或不等距的螺栓将飞轮紧固在曲轴后端。

4. 曲轴扭振减振器

车用发动机的曲轴,不但作用在曲轴上的转矩大小呈周期变化,而且车辆行驶时的反转矩(由飞轮和变速器、传动系统、车体等组成的等效反转矩)也是随机变化的。这两种外部的激励与曲轴固有的弹性与阻尼的扭振特性的耦合,产生了曲轴的扭转振动。曲轴扭振不但破坏了正常的传动正时,而且加剧了传动零件的磨损,导致噪声增大、功率下降等。曲轴扭振共振严重时会引起曲轴断裂、发动机损坏等后果。

为防止曲轴在工作转速范围内出现过大的扭振,发动机上常装有曲轴扭振减振器。常用的有橡胶减振器和硅油(黏性)减振器。

橡胶减振器由圆盘1、橡胶2和减振体3(图2-3-10a)组成。通过硫化橡胶将圆盘和减振体贴合在一起(不是黏结)。圆盘1上有固定孔,通过螺钉固定到曲轴自由端。曲轴扭振时,曲轴即圆盘的附加转动,通过橡胶传到减振体上。减振体的惯量至少应是曲轴与飞轮总惯量的十分之一。由于减振体的惯量较大和橡胶内部的弹性阻尼,减振体不能与圆盘同步附加转动,并企图阻止圆盘产生附加的转动,从而抑制曲轴的扭转振动。而橡胶则在圆盘与减振体间的相对运动中产生很大的交变剪应力,吸收与消耗了曲轴扭振能量,橡胶内部则发热。为此,减振器要安装在通风部位,注意散热。

为节省空间或传动上的方便,很多小轿车发动机上常利用带轮作为减振体(图2-3-10b)。

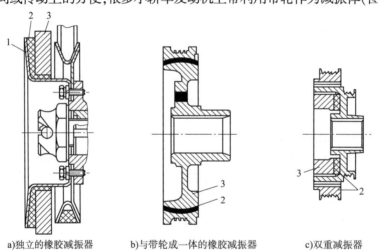

a) 独立的橡胶减振器　　b) 与带轮成一体的橡胶减振器　　c) 双重减振器

图2-3-10　橡胶减振器
1—圆盘;2—橡胶;3—减振体

橡胶减振器结构简单,工作可靠,可选择获得最大减振效果的固有频率,也可系列化。

黏性减振器(图2-3-11)由外壳1、减振体2、衬套3、侧盖4、注油螺塞5组成。减振体通过衬套支承在外壳上,在外壳和减振体之间封装有高黏度的硅油,使减振体浮在外壳内。

外壳与减振体四周的间隙为0.5~0.7mm,外壳与曲轴前端刚性连接。黏性减振器与橡胶减振器的减振原理一样,但它不是通过橡胶而是通过高黏度的硅油产生剪切力来抑制外壳的附加转动。

扭振减振器常放在扭振振幅最大的曲轴自由端。

5. 滑动轴承

滑动轴承包括连杆衬套、连杆轴承、主轴承和曲轴推力轴承等。

1)连杆轴承和主轴承

连杆轴承和主轴承由上、下两片轴瓦组成。每一片轴瓦都是由厚度1~5mm的薄钢背和厚度不到1mm的减磨合金组成。

轴瓦在自由状态时,两个接合面外端的距离比轴承孔的直径大,其差值称为轴瓦的张开量。在装配时,轴瓦的圆周过盈变成径向过盈,对轴承孔产生径向压力,使轴瓦紧密贴合在轴承孔内,以保证其良好的承载和导热能力,提高轴瓦工作的可靠性和延长其使用寿命。

在轴瓦的接合端冲压出定位唇(图2-3-12),在轴承孔中加工有定位槽,以便装配时能正确定位。定位唇的作用只在于方便装配,欲使轴瓦在轴承孔中不转动、不移动、不振动,则全靠轴瓦与轴承孔之间的过盈配合来保证。

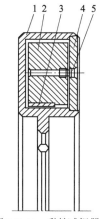

图2-3-11 黏性减振器
1-外壳;2-减振体;3-衬套;4-侧盖;5-注油螺塞

通过连杆小头喷油孔喷油冷却活塞的发动机,在主轴承和连杆轴承的上、下轴瓦上均加工有环形油槽和油孔,以便不间断地向连杆小头喷油孔供油。为了保证轴瓦的承载能力,最好不在载荷较大的主轴承下轴瓦和连杆轴承上轴瓦开环形油槽。

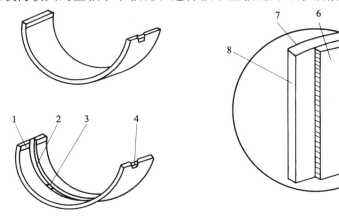

图2-3-12 轴瓦及其各部名称
1-布油槽;2-环形油槽;3-油孔;4-定位唇;5-软镀层;6-减磨合金层;7-钢背;8-轴瓦接合面

2)曲轴推力轴承

汽车行驶时,由于踩踏离合器而对曲轴施加轴向推力,使曲轴发生轴向窜动。过大的轴向窜动将影响活塞连杆组的正常工作和破坏正确的配气定时和发动机的喷油定时。为了保证曲轴轴向的正确定位,需装设推力轴承,而且只能在一处设置推力轴承,以保证曲轴受热膨胀时能自由伸长。

曲轴推力轴承有翻边轴瓦、半圆环推力片和推力轴承环三种形式。

翻边轴瓦(图2-3-13)是将轴瓦两侧翻边作为推力面,在推力面上浇铸减磨合金。轴瓦的推力面与曲轴推力面之间留有 0.06～0.25mm 的间隙,从而限制了曲轴轴向窜动量。

半圆环推力片(图2-3-14)一般为四片,上、下各两片,分别安装在机体和主轴承盖上的浅槽中,用定位舌或定位销定位,防止其转动。装配时,需将有减磨合金层的推力面朝向曲轴的推力面,不能装反。

推力轴承环(图2-3-15)为两片推力圆环,分别安装在第一主轴承盖的两侧。

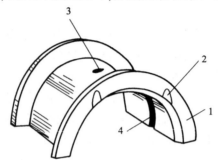

图 2-3-13 翻边轴瓦
1-推力面;2-储油槽;3-油孔;4-环形油槽

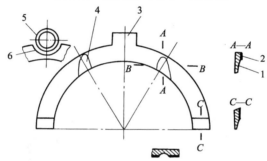

图 2-3-14 半圆环推力片
1-钢背;2-减磨合金层;3-定位舌;4-储油槽;5-定位销;6-定位销槽

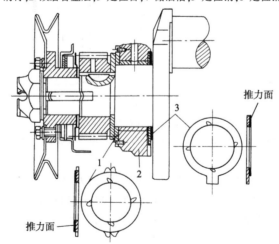

图 2-3-15 推力轴承环及其安装位
1、3-推力轴承环;2-第一主轴承盖

任务实施

1. 技术标准与要求
(1) 试验场地须清洁、安全。
(2) 严格按操作规范进行操作。如要求使用专用工具,则必须满足此项要求。
(3) 以 4~6 人为一个试验小组,能在 4h 内完成此项目。

2. 设备器材
(1) WP10 柴油机。
(2) 常用、专用工具。
(3) 柴油机翻转架、零件架。
(4) 机油、润滑脂、棉纱等辅料。

3. 操作步骤
(1) 清理曲轴飞轮组各接合面,WP10 柴油机曲轴飞轮组结构,如图 2-3-16 所示。

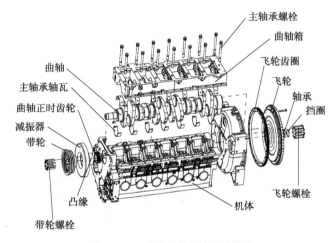

图 2-3-16　曲轴飞轮组结构示意图

(2) 将主轴承轴瓦(图 2-3-17)装入汽缸体底孔,装入后应与汽缸体上的油孔、油槽对正,相错超过油孔的 1/5 以上者禁止装配;主轴承轴瓦应与汽缸体底孔完全贴合。

(3) 吊起曲轴(图 2-3-18),用压缩空气吹净油道孔并用毛巾擦净主轴颈及连杆轴颈,然后轻轻落入汽缸体,在此过程中要求曲轴无磕碰伤。

(4) 擦净上推力片并压入汽缸体。上推力片的油槽(图 2-3-19)应朝向外侧(朝向曲轴)。

(5) 在汽缸体下表面上涂上胶线,再用胶辊将密封胶涂均匀且连续(图 2-3-20)。

(6) 装后油封,后油封油唇部涂油并安装到曲轴上。

(7) 装曲轴箱,拧紧全部主轴承螺栓,第一次用低扭矩风动扳手,第二次拧紧时力矩达到 80N·m,第三次拧紧时力矩达到 250~280N·m(图 2-3-21)。

(8) 装飞轮,拧紧飞轮螺栓,拧紧力矩为 60~80N·m,然后转两个 90°±5°,力矩同时达到 230~280N·m,对扭转角度后达不到力矩要求的应予以更换,螺栓可重复使用 2 次。

图 2-3-17　主轴承轴瓦装配示意图

图 2-3-18　吊装曲轴示意图

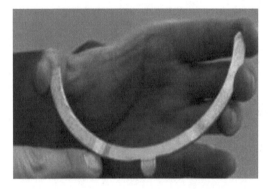
图 2-3-19　上推力片装配示意图

图 2-3-20　汽缸体下表面涂胶示意图

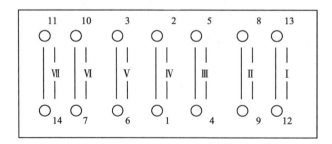

图 2-3-21　主轴承螺栓拧紧顺序

（图中罗马数字表示主轴承盖序号，阿拉伯数字表示主轴承盖螺栓拧紧顺序）

任务评价

曲轴飞轮组结构与检修评价，见表 2-3-2。

曲轴飞轮组结构与检修评价表

表 2-3-2

序号	内容及要求	评分	评分标准	自评	组评	师评	得分
1	准备	10	1. 进入工位前,穿好工作服,保持穿着整齐(4分); 2. 准备好相关实训材料(记录本、笔)(3分); 3. 检查相关配套实训资料(维修手册、使用说明书等)(3分)				
2	清洁	5	按要求清理工位,保持周边环境清洁				
3	专用设备与工具准备	5	按要求检查设备、工具数量和完好程度等				
4	清理曲轴飞轮组各接合面	6	工具使用正确,操作规范,操作流程完整				
5	将主轴承轴瓦装入汽缸体底孔,相错超过油孔的1/5~1/4以上者禁止装配	6	工具使用正确,操作规范,操作流程完整				
6	吊起曲轴,然后轻轻落入汽缸体,在此过程中要求曲轴无磕碰伤	8	工具使用正确,操作规范,操作流程完整				
7	擦净上推力片并压入汽缸体,上推力片的油槽应朝向外侧	8	工具使用正确,操作规范,操作流程完整				
8	在汽缸体下表面上涂上胶线,再用胶辊将密封胶涂均匀且连续	8	工具使用正确,操作规范,操作流程完整				
9	装后油封,后油封油唇部涂油并安装到曲轴上	8	工具使用正确,操作规范,操作流程完整				
10	装曲轴箱,拧紧全部主轴承螺栓,第一次用低扭矩风动扳手,第二次拧紧力矩达到80N·m,第三次拧紧力矩达到250~280N·m	8	工具使用正确,操作规范,操作流程完整				
11	拧紧飞轮螺栓,拧紧力矩为60~80N·m,然后转两个90°±5°,力矩同时达到230~280N·m	8	工具使用正确,操作规范,操作流程完整				

续上表

序号	内容及要求	评分	评分标准	自评	组评	师评	得分
12	结论	10	操作过程正确、完整,能够正确回答老师提问				
13	安全文明生产	10	结束后清洁(5分); 工量具归位(5分)				

指导教师总体评价：

指导教师_____
____年___月___日

练 一 练

一、单项选择题

1. 曲轴一般由( )制成。
   A. 中碳钢和中碳合金钢模锻　　　　B. 低碳钢和低碳合金钢模锻
   C. 高碳钢和高碳合金钢模锻　　　　D. 铸铁模锻
2. 四冲程直列六缸发动机,六个曲拐分别布置在( )个平面内。
   A. 一个　　　　B. 两个　　　　C. 三个　　　　D. 六个
3. 四冲程直列六缸发动机,发火间隔角为( )。
   A. 60°　　　　B. 120°　　　　C. 180°　　　　D. 360°
4. 轴瓦在自由状态时,两个接合面外端的距离比轴承孔的直径( )。
   A. 大　　　　B. 小　　　　C. 相等　　　　D. 不确定
5. 半圆环推力片装配时,需将有减磨合金层的推力面( )曲轴的推力面。
   A. 离开　　　　B. 锁止　　　　C. 朝向　　　　D. 背向

二、多项选择题

1. 各单元曲拐锻制或铸造成一个整体的曲轴为整体式曲轴。其优点是工作可靠( ),为中小型发动机所广为采用。
   A. 质量小　　　　B. 结构简单　　　　C. 加工面少　　　　D. 加工面多
2. 四冲程直列六缸发动机工作次序有( )。
   A. 1-5-3-6-2-4　　　　B. 1-4-2-6-3-5
   C. 1-3-6-5-2-4　　　　D. 1-5-3-2-6-4
3. V形发动机左右两列汽缸的方法发火有( )。
   A. 同步式　　　　B. 交替式　　　　C. 分组式　　　　D. 填补式
4. 曲轴前端借助( )实现密封。
   A. 连杆体　　　　B. 甩油盘　　　　C. 橡胶油封　　　　D. 轴承盖
5. 在发动机工作过程中,飞轮具有( )的作用。
   A. 产生能量　　　　B. 储存能量　　　　C. 释放能量　　　　D. 均衡转速

三、判断题

1. 曲轴的功用是把活塞、连杆传来的气体力转变为转矩。（ ）
2. 现代汽车发动机多采用非全支承整体式曲轴。（ ）
3. 回油螺纹是在曲轴后端加工出的矩形或梯形左旋螺纹。（ ）
4. 在装配时，轴瓦的圆周过盈变成径向过盈。（ ）
5. 为节省空间或传动上的方便，很多小轿车的发动机上常利用带轮作为减振体。
（ ）

四、分析题

1. 指出图2-3-22中曲轴各部分名称。

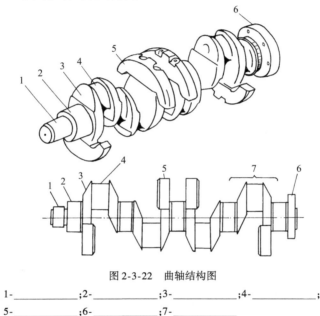

图2-3-22　曲轴结构图

1-＿＿＿＿＿＿；2-＿＿＿＿＿＿；3-＿＿＿＿＿＿；4-＿＿＿＿＿＿；
5-＿＿＿＿＿＿；6-＿＿＿＿＿＿；7-＿＿＿＿＿＿。

2. 简述曲轴前端密封方式。
3. 简述曲轴推力轴承结构形式和安装技术要求。

模块小结

本模块主要讲述曲柄连杆机构结构与拆装，主要内容是曲柄连杆机构功能和组成、机体组的功用及组成、活塞连杆机构功用及组成、曲轴飞轮组功用及组成、曲柄连杆机构的拆卸与组装。通过对本模块的学习，主要掌握缸体、活塞、活塞环、连杆、曲轴等主要零部件工作条件、结构特点、使用材料、安装要求，柴油机做功顺序、做功间隔等，曲柄连杆机构各总成拆装方法，了解并掌握通用工具和专用工具名称、功能和使用方法。

学习模块 3　配气机构结构与拆装

模块概述

配气机构的功用是根据发动机每一汽缸内进行的工作循环和发火次序的要求,定时地开启和关闭各汽缸的进、排气门,以保证新鲜可燃混合气(汽油机)或空气(柴油机)得以及时进入汽缸并把燃烧生成的废气及时排出汽缸。

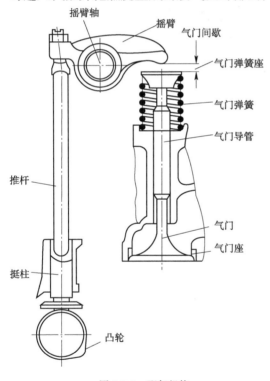

图 3-0-1　配气机构

柴油机运转需要将气门开启进行换气时,由曲轴驱动凸轮轴旋转,凸轮上的凸起部分将挺柱顶起,通过推杆和气门调整螺钉,推动摇臂绕摇臂轴摆动,摇臂的另一端便向下推开气门,同时压缩气门弹簧。当凸轮的顶点转过挺柱以后,便逐渐减小了对挺柱的推力,气门在其弹簧张力的作用下,开度逐渐减小,直至最后关闭,进气或排气行程即告结束。在柴油机的压缩和做功行程中,气门在其弹簧张力的作用下关闭,使汽缸密封。

四冲程发动机每完成一个工作循环,曲轴旋转两周,而各缸进、排气门各开启一次,完成一次进、排气,此时凸轮轴只旋转一周,因此曲轴与凸轮轴的转速比(即传动比)为 2∶1。

配气机构(图 3-0-1)由气门组和气门传动组组成,气门组包括气门、气门导管、气门座和气门弹簧等主要零部件。气门传动组主要包括凸轮轴、挺柱、推杆(气门顶置式配气机构)、摇臂和摇臂轴。

【建议学时】

12 学时。

学习任务 3.1　配气机构结构与拆装

通过本任务的学习,应能:

1. 描述配气机构的总体组成。
2. 描述配气机构各零部件的结构特点和工作原理。
3. 使用通用和专用工具装配WP10柴油机配气机构。

 任务导入

客户反映某重型载货汽车近期动力逐渐下降,油耗增加到无法接受的状态。到服务站检修维护,更换三滤后故障现象无任何好转。组合仪表综合平均油耗显示35.0L/100km,怠速瞬时油耗1.25L/h,比同车型其他车辆高出许多。

进一步检查,用专用听诊器在汽缸盖处听诊可以清晰地听到各缸气门摇臂的啪啪敲击声,打开摇臂罩用厚薄规测量进气门间隙高达0.7mm以上,排气门间隙不足0.4mm,WEVB间隙已被解除。初步怀疑是气门间隙调整反了,虽然没有顶死,但已严重影响发动机的正常配气相位,导致发动机高速时汽缸充气效率严重下降,最终使得动力不足、油耗高。需要进行气门间隙及WEVB间隙调整。

 任务准备

1. 配气机构的分类

1) 按气门布置形式分类

(1) 气门顶置式。

进气门和排气门都倒装在汽缸盖上,头部朝下,开启时向下运动。

气门顶置式发动机,由于燃烧室结构紧凑,充气阻力小,具有良好的抗爆性和高速性,易于提高发动机的动力性和经济性指标;但气门行程大,结构较复杂。目前,国内外汽车发动机几乎都采用气门顶置式配气机构,如图3-1-1所示。

(2) 气门侧置式。

气门布置在汽缸体的一侧,缺点是燃烧室结构不紧凑,热损失大,这种布置形式已经被淘汰。

2) 按凸轮轴的布置形式分类

凸轮轴的布置形式可分为下置、中置和上置三种。三者都可以用于气门顶置式配气机构,而气门侧置式配气机构的凸轮只能下置。

a) 气门侧置   b) 气门顶置

图 3-1-1 气门布置形式

(1) 凸轮轴下置式。

凸轮轴由曲轴通过正时齿轮驱动,因此希望尽可能缩短凸轮轴与曲轴之间的距离。将凸轮轴布置在曲轴箱内部,称为凸轮轴下置式配气机构。这种方案传动简单,曲轴与凸轮轴距离较近,一般采用齿轮传动,以利于发动机的布置,但气门与凸轮轴距离较远,影响气门关闭的准确性和气门的运动规律。因此,不适用于高速发动机。

WP10、WP12柴油机采用的是凸轮轴下置式。

(2) 凸轮轴中置式。

当发动机转速较高时,为了减小气门传动机构的往复运动质量,可将凸轮轴位置移至汽缸体上部,由凸轮轴经过挺柱直接驱动摇臂,而省去推杆,这种结构称为凸轮轴中置式配气机构,如图3-1-2所示。这种方案大多采用齿轮传动,但凸轮轴的中心线距离曲轴中心线较远,需加中间齿轮(惰轮)。

(3)凸轮轴上置式。

这种配气机构的凸轮轴布置在汽缸盖上,凸轮轴可直接通过摇臂来驱动气门或凸轮轴直接驱动气门,如图3-1-3所示。它省去了挺柱和推杆,使往复运动质量大大减小,因此它适用于高速发动机。

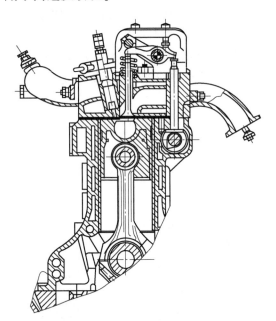

图3-1-2 凸轮轴中置式配气机构

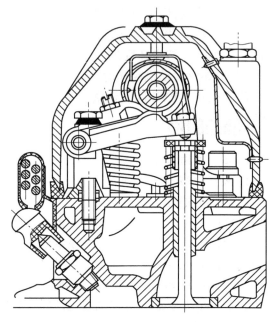

图3-1-3 凸轮轴上置式配气机构

3)按凸轮轴的传动方式分类

凸轮轴由曲轴带动旋转,它们之间的传动方式有齿轮传动、链传动及齿带传动等几种。

(1)齿轮传动式。

凸轮轴下置、中置式配气机构大多数采用圆柱正时齿轮传动。一般由曲轴到凸轮轴只需一对正时齿轮传动,必要时可加装中间齿轮。为了啮合平稳,减小噪声和磨损,正时齿轮一般都用斜齿轮并用不同材料制成,曲轴正时齿轮常用钢来制造,而凸轮轴正时齿轮则用铸铁或夹布胶木制成。为了保证装配时配气正时,齿轮上都有正时记号,装配时必须使记号对齐。

潍柴蓝擎系列柴油机配气机构均采用齿轮传动,WP10柴油机正时齿轮传动机构设在机体前端的齿轮室内,由八个斜齿轮组成平面齿轮系,见图3-1-4。

(2)链传动和齿带传动。

链传动特别适合于凸轮轴上置式配气机构,如图3-1-5所示,但其主要问题是其工作可靠性和耐久性不如齿轮传动。这种传动对于减小噪声、减小结构质量与降低成本都有很大好处。齿带用氯丁橡胶制成,中间夹有玻璃纤维以增加强度。

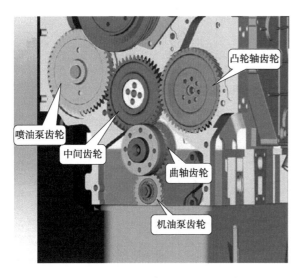
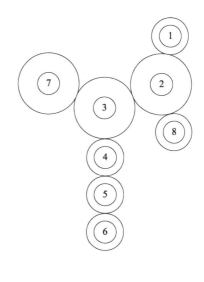

a) b)

图 3-1-4 WP10 柴油机齿轮传动系统

1-空压机齿轮；2-凸轮轴齿轮；3-中间齿轮；4-曲轴齿轮；5-机油泵中间齿轮；6-机油泵齿轮；7-油泵齿轮；8-转向油泵齿轮

4）按气门数目及排列方式分类

发动机一般都采用每缸两气门，即一个进气门和一个排气门的结构。为了进一步改善汽缸的换气性能，在结构允许的条件下，应尽量增大进气门头部的直径。当汽缸直径较大、活塞平均线速度较高时，每缸一进一排的气门结构就不能保证良好的换气质量。例如，WP10 柴油机采用两气门、WP12 柴油机采用四气门。

当每缸采用四气门时，气门排列的方式有两种。一种是同名气门排成两列，如图 3-1-6a）所示，由一个凸轮轴通过 T 形驱动件同时驱动，并且所有气门都可以由一根凸轮轴驱动，又由于两个气门串联，会影响进气门充气效率且使前后两排气门热负荷不均匀，这种方案不常采用。另一种是同名气门排成一列，这种结构在形成进气涡流、保证排气门及缸盖热负荷均匀等方面都具有相当的优越性，但一般需用两根凸轮轴。

2. 气门组结构

气门组的作用是实现汽缸的密封，见图 3-1-7。

1）气门

气门由头部和杆部两部分组成，头部用来封闭汽缸的进、排气通道，杆部则主要为气门的运动导向。气门的作用是与气门座相配合，对汽缸进行密封，并按工作循环的要求定时开启和关闭，使新鲜气体进入汽缸、废气排出。气门头部受高温作用（进气门温度高达 300～400℃，排气门更高，可达 700～900℃），而且还要承受气体压力、气门弹簧力以及传动组零件惯性力的作用，气门杆在气门导管中做高速直

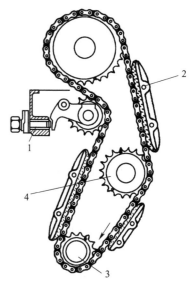

图 3-1-5 凸轮轴的链传动装置

1-液力张紧装置；2-导链板；3-曲轴；4-驱动油泵的链轮

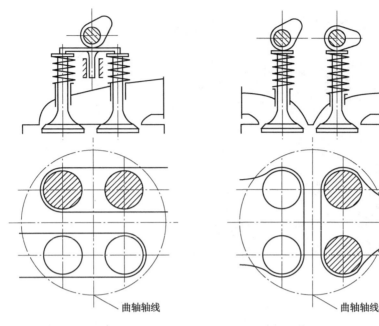

a)同名气门排成两列　　　b)同名气门排成一列

图 3-1-6　每缸四气门的布置

线往复运动,其冷却和润滑条件差,因此,要求气门必须具有足够的强度、刚度、耐热和耐磨能力。进气门材料常采用合金钢(铬钢和镍铬钢等),排气门则采用耐热合金钢(硅铬钢等)。另外,为了改善气门的导热性能,在气门内部充注金属钠,钠在97℃时为液态,液态钠可将气门头部的热量传给气门杆,冷却效果十分明显。

(1)气门头部。

气门头部的形状有平顶、喇叭形顶和球面顶,如图3-1-8所示。目前,使用最多的是平顶气门头。平顶气门头结构简单、制造容易、吸热面积较小、质量小,进、排气门均可采用。喇叭形顶头部与杆部的过渡部分具有一定的流线型,气流流通较便利,可减小进气阻力,但其顶部受热面积较大,故

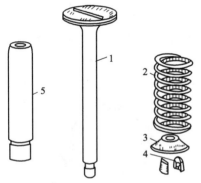

图 3-1-7　气门组零件

1-气门;2-气门弹簧;3-气门弹簧座;4-锁片;5-气门导管

多用于进气门,而不宜用于排气门。球面顶气门头部,强度高、排气阻力小、废气排除效果好,适用于排气门,但球形气门顶部的受热面积大,质量和惯性力也大,加工较困难。WP10柴油机采用平底式气门,结构简单、制造方便。

气门头部与气门座圈接触的工作面,是与杆部同心的锥面,通常将这一锥面与气门顶部平面的夹角称为气门锥角,如图3-1-9所示,一般做成30°或45°。采用锥形工作面的目的:

①就像锥形塞子可以塞紧瓶口一样,能获得较大的气门座合压力,提高密封性和导热性。

②气门落座时有定位作用。

③避免气流拐弯过大而降低流速。

为保证良好密合,装配前应将气门头与气门座二者的密封锥面互相研磨,研磨好的零件不能互换。

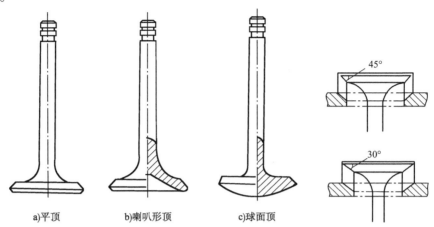

图 3-1-8 气门头部结构形式　　　　　　　图 3-1-9 气门锥角

a)平顶　b)喇叭形顶　c)球面顶

气门头部直径越大,气门口通道截面就越大,进、排气阻力就越小。考虑到进气阻力比排气阻力对发动机性能的影响大得多,为尽量减小进气阻力,进气门直径往往大于排气门。另外,排气门稍小些,还不易变形。

(2) 气门杆部。

气门杆是圆柱形,在气门导管中不断进行上、下往复运动。气门杆部应具有较高的加工精度和较小的表面粗糙度值,与气门导管保持正确的配合间隙,以减轻磨损和起到良好的导向、散热作用。气门杆尾部结构取决于气门弹簧座的固定方式,如图 3-1-10 所示。常用的结构是用剖分成两半的锥形锁片 4 来固定气门弹簧座 3(图 3-1-10a),这时气门杆 1 的尾部可切出环形槽来安装锁片;也可以用锁销 5 来固定气门弹簧座 3(图 3-1-10b),对应的气门杆尾部应有一个用来安装锁销的径向孔。

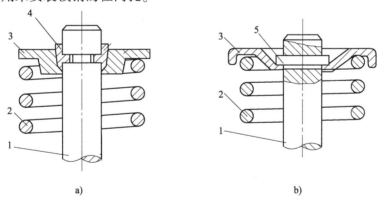

图 3-1-10 气门弹簧座的固定方式
1-气门杆;2-气门弹簧;3-气门弹簧座;4-锥形锁片;5-锁销

2) 气门导管

气门导管的功用是给气门的运动导向,并为气门杆散热。为便于调换或修理,气门导管内、外圆柱面经加工后压入汽缸盖或汽缸体的气门导管孔中,然后再精铰内孔。为了防止气

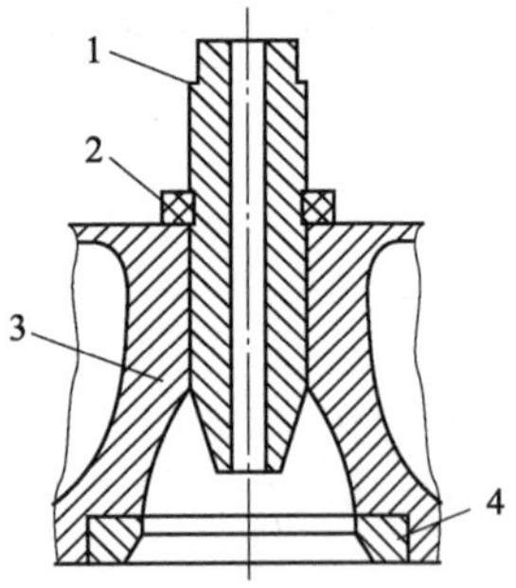

门导管在使用过程中松落,有的发动机对气门导管用卡环定位(图3-1-11),使气门弹簧下座将卡环压住,导管就有了可靠的轴向定位。气门杆与气门导管之间一般留有 0.05~0.12mm 的间隙,使气门杆能在导管中自由运动。气门导管的工作温度较高,润滑比较困难,一般用含石墨较多的铸铁或铁基粉末冶金制成,以提高自润滑性能。

3)气门座

汽缸盖或汽缸体的进、排气道与气门锥面相接合的部位称为气门座,它也有相应的锥面。气门座的作用是靠其内锥面与气门锥面的紧密贴合密封汽缸,并接受气门传来的热量。气门座可在汽缸盖上(气门顶置时)或汽缸体上(气门侧置时)。因为气门座在高温下工作,磨损严重,故不少发动机的气门座用耐热钢或合金铸铁单独制成气门座圈,然后再镶嵌入汽缸盖或汽缸体上的气门座圈孔中,以便提高其使用寿命,同时便于更换。

图3-1-11 气门导管和气门座
1-气门导管;2-卡环;3-汽缸盖;4-气门座

4)气门弹簧

气门弹簧借其张力克服气门关闭过程中气门及传动件因惯性力而产生的间隙,保证气门及时落座并紧密贴合,同时也可防止气门在发动机振动时因跳动而破坏密封。因此,要求气门弹簧具有足够的刚度和安装预紧力。

气门弹簧多用中碳铬钒钢丝或硅铬钢丝制成圆柱形螺旋弹簧,如图3-1-12所示。气门弹簧在工作时承受着频繁的交变载荷,为保证其可靠的工作,气门弹簧应有合适的弹力、足够的刚度和抗疲劳强度。加工后应对气门弹簧进行热处理,钢丝表面要磨光、抛光或喷丸处理,以提高疲劳强度、增强气门弹簧的工作可靠性。

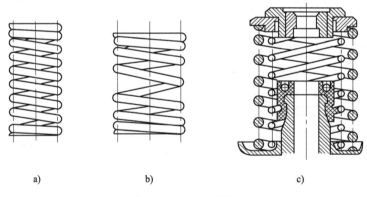

图3-1-12 气门弹簧

安装时,气门弹簧的一端支承在汽缸盖或汽缸体上,而另一端则压靠在气门杆尾端的弹簧座上,弹簧座用锁片固定在气门杆的末端。为了防止弹簧发生共振,可采用变螺距的圆柱形弹簧(图3-1-12b)。大多数高速发动机是一个气门装有同心安装的内、外两根气门弹簧(图3-1-12c),这样不但可以防止共振,而且当一个弹簧折断时,另一根仍可维持工作。此外,还能减小气门弹簧的高度。当装用两根气门弹簧时,气门弹簧的螺旋方向和螺旋距应各不相同,这样可以防止折断的弹簧圈卡入另一个弹簧圈内。WP10、WP12柴油机均采用双气门弹簧。

3.气门传动组结构

气门传动组的作用是使气门按发动机配气相位规定的时刻及时开、闭,并保证规定的开启时间和开启高度。

1)凸轮轴

凸轮轴主要由凸轮1、凸轮轴轴颈2等组成(图3-1-13)。凸轮受到气门间歇性开启的周期性冲击载荷,因此要求凸轮表面要耐磨。凸轮轴要有足够的韧性和刚度,一般用优质锻钢或特种铸铁制成,凸轮和轴颈的工作表面经热处理后精磨和抛光,以提高其硬度及耐磨性。

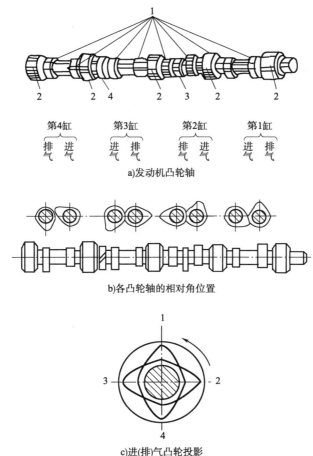

图3-1-13 四缸四冲程柴油机凸轮轴

由图3-1-13可以看出,同一汽缸的进、排气凸轮的相对角位置是与既定的配气相位相适应的。发动机各个汽缸的进、排气凸轮的相对角位置符合发动机各缸的工作次序和做功间隔时间的要求。因此,根据凸轮轴的旋转方向以及各缸进、排气凸轮的工作顺序,就可以判定发动机的做功次序。图3-1-13所示的四缸四冲程柴油机,每完成一个工作循环,曲轴须旋转两周而凸轮轴只旋转一周,在这期间内,每个缸都要进行一次进气和排气,且各缸进气或排气的时间间隔相等,即各缸进或排气凸轮间的夹角均为$360°/4 = 90°$。由图3-1-13c)可见,发动机的做功次序为1-3-4-2(凸轮轴旋转方向,从前端向后看)。若六缸四冲程发动机的凸轮轴逆时针旋转,其做功次序为 1-5-3-6-2-4。任何两个相继发火的汽缸进或排气凸轮间的夹角均为 360°/6 = 60°,如图 3-1-14 所示。

凸轮轮廓形状,如图 3-1-15 所示。O 点为凸轮轴的轴心,EA 为凸轮的基圆。当凸轮按图示方向转过 EA 弧段时,挺柱处于最低位置不动,气门处于关闭状态。凸轮转过 A 点后挺柱开始上移。至 B 点,气门间隙消除,气门开始开启,凸轮转到 C 点,气门开度达到最大,而后逐渐关小,至 D 点,气门闭合终了。此后,挺柱继续下落,出现气门间隙,至 E 点挺柱又处于最低位置。φ 对应着气门开启持续角,ρ_1 和 ρ_2 则分别对应着消除和恢复气门间隙所需的转角。凸轮轮廓 BCD 弧段为凸轮的工作段,其形状决定了气门的升程及其升降过程的运动规律。

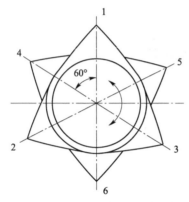

图 3-1-14 六缸四冲程柴油机进、排气凸轮投影

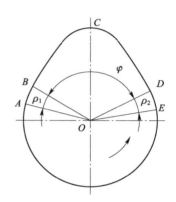

图 3-1-15 凸轮轮廓形状

为了防止凸轮轴在工作中产生轴向窜动和承受正时斜齿轮产生的轴向力,凸轮轴必须有轴向限位装置。

2) 挺柱

挺柱的作用是将凸轮的推力传递给推杆或气门杆,并承受凸轮轴旋转时所施加的侧向力。

挺柱分普通挺柱和液力挺柱两种。

(1) 普通挺柱。

气门顶置式配气机构采用的挺柱有筒式和滚轮式两种,如图 3-1-16 所示。筒式挺柱圆周钻有通孔,便于筒内收集的机油流出,对挺柱底面及凸轮加以润滑;另外,由于挺柱中间为空心,其质量可减小。滚轮式挺柱可以减轻磨损,但结构复杂、质量较大,多用于大缸径柴油机的配气机构上。

挺柱工作时,由于受凸轮侧向推力的作用,会稍有倾斜,并且由于侧向力方向是一定的,将引起挺柱与导管之间的单面磨损,同时挺柱与凸轮固定不变地在一处接触,也会造成磨损不均匀。为此,挺柱在结构上有的制成球面,而且把凸轮面制成带锥度形状(图 3-1-16a)。这样,凸轮与挺柱的接触点偏离挺柱轴线,当挺柱被凸轮顶起上升时,接触点的摩擦力使其绕本身轴线转动,以达到均匀磨损的目的。

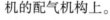

图 3-1-16 普通挺柱

(2)液力挺柱。

在配气机构中预留气门间隙将使发动机工作时配气机构产生撞击和噪声。为了消除这一弊端,有些柴油机尤其是车用发动机采用液力挺柱(图3-1-17),借以实现零气门间隙。气门及其传动件因温度升高而膨胀,或因磨损而缩短,都会由液力作用来自行调整或补偿。

3)推杆

推杆的作用是将凸轮轴经过挺柱传来的推力传递给摇臂,它是配气机构中最易弯曲的细长零件。推杆可以是实心的,也可以是空心的,如图3-1-18所示。

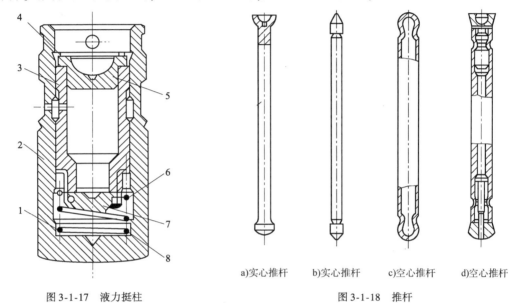

图3-1-17 液力挺柱
1-挺柱体;2-止回阀架;3-柱塞;4-卡环;5-支承座;6-止回阀碟形弹簧;7-止回阀;8-柱形弹簧

图3-1-18 推杆
a)实心推杆 b)实心推杆 c)空心推杆 d)空心推杆

4)摇臂

摇臂是一个中间带有圆孔的不等长双臂杠杆,其作用是将推杆传来的力改变方向,作用到气门杆尾部使其推开气门。摇臂分普通摇臂和无噪声摇臂两种。

(1)普通摇臂。

普通摇臂(图3-1-19)的长臂端部以圆弧形的工作面与气门尾端接触以推动气门。短臂的端部有螺孔,用来安装调整螺钉及锁紧螺母,以调整气门间隙。螺钉的球头与推杆顶端的凹球座相连接。由于靠气门一端的臂长,所以在一定的气门升程下,可减小推杆、挺柱等运动件的运动距离和加速度,从而减小了工作中的惯性力。

(2)无噪声摇臂。

为了消除气门间隙,减小由此产生的冲击噪声,常采用无噪声摇臂。其工作原理,如图3-1-20所示。凸环8以摇臂5的一端为支点,并靠在气门9杆部的端面上,当气门处在关闭位置时,在弹簧6的作用下,柱塞7推动凸环向外摆动,消除了气门间隙。气门开启时,推杆3便向上运动推动摇臂,由于摇臂已经

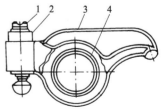

图3-1-19 摇臂
1-气门间隙调整螺钉;2-调节螺母;3-摇臂;4-摇臂轴套

通过凸环和气门杆处在接触状态,从而消除了气门行进间隙。其中,凸环 8 的作用是消除气门和摇臂之间的间隙,从而消除由此而产生的冲击噪声。

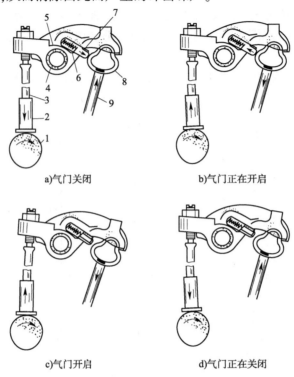

图 3-1-20　无噪声摇臂的工作过程
1-凸轮;2-挺柱;3-推杆;4-摇臂轴;5-摇臂;6-弹簧;7-柱塞;8-凸环;9-气门

摇臂通过摇臂轴支撑。在图3-1-21 中,摇臂 4、摇臂轴 1 和摇臂轴支座 2 等组成了摇臂组。摇臂通过摇臂衬套 3 空套在两端带堵的空心摇臂轴上,而摇臂轴又通过摇臂轴支座固定在汽缸盖上。摇臂上钻有油孔,通常机油从汽缸体上的主油道经汽缸体或汽缸体外油管、汽缸盖和摇臂轴支座中的油道进入中空的摇臂轴,然后通过轴上的径向孔进入摇臂及轴之间润滑。为了防止摇臂轴向窜动,在摇臂轴上每两臂之间都装有限位弹簧 7。

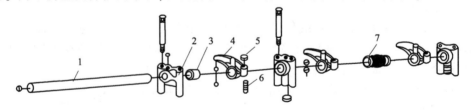

图 3-1-21　摇臂组
1-摇臂轴;2-摇臂轴支座;3-摇臂衬套;4-摇臂;5-锁紧螺母;6-调整螺钉;7-限位弹簧

4. 气门间隙

为保证气门关闭严密,通常发动机在冷态装配时,气门杆尾端与气门驱动零件(摇臂、挺柱和凸轮)之间留有适当的间隙,这一间隙称为气门间隙,如图 3-1-22 所示。发动机工作时,配气机构各零件,如气门、挺柱和推杆等因温度升高而膨胀。如果气门及其传动件之间,在冷态时无间隙或间隙过小,则在热态下,气门及其传动件的受热膨胀势必会引起气门关闭不严,造成发动机在压缩和做功行程中漏气,从而使发动机功率下降,严重时甚至不易起动。为了消除这种现象,通常留有适当的气门间隙,以补偿气门受热后的膨胀量。气门间隙的大小由发动机制造厂根据试验确定,一般在冷态时,进气门的间隙为0.25~0.30mm,排气门的间隙为0.30~0.35mm。气门间隙过大,将影响气门的开启量,同时在气门开启时产生较大的冲击响声。为了能对气门间隙进行调整,在摇臂(或挺柱)上装有调整螺钉及其锁紧螺母。

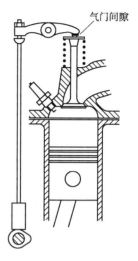

图3-1-22 气门间隙

5. 配气相位

用曲轴转角表示的进、排气门实际开闭时刻和开启持续时间,称为配气相位。通常,用相对于上、下止点曲拐位置的曲轴转角的环形图来表示,这种图形称为配气相位图,如图3-1-23所示。

理论上,四冲程发动机的进气门曲拐处在上止点时开启,下止点时关闭,排气门则当曲拐在下止点时开启,上止点时关闭。进气时间和排气时间各占180°曲轴转角。但实际上由于发动机转速很高,活塞每一行程历时相当短。在这样短的时间内换气,势必会造成进气不足和排气不净,从而使发动机功率下降,故发动机气门实际开闭时刻不是恰好在上、下止点,而是提前开、迟后关一定的曲轴转角。因此,现代发动机都采取延长进、排气时间的方法,以改善进、排气状况,从而提高发动机的动力性。

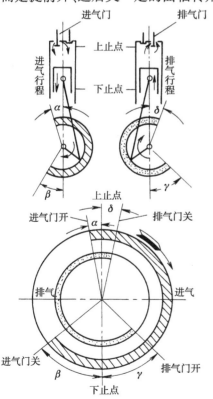

图3-1-23 配气相位

1)进气门的配气相位

(1)进气提前角。

在排气行程接近终了、活塞到达上止点之前,进气门便开始开启,从进气门开始开启到活塞移到上止点所对应的曲轴转角 α 称为进气提前角。进气门提前开启的目的,是为了保证进气行程开始时进气门已开大,减小进气阻力,使新鲜气体能顺利地充入汽缸。

(2)进气迟后角。

在进气行程下止点过后,活塞重又上行一段,进气门才关闭。从下止点到进气门关闭所对应的曲轴转角 β 称为进气迟后角。进气门迟后关闭的目的,是由于活塞到达下止点时,汽缸内压力仍低于大气压力,且气流还有相当大的惯性,这时气流不但没有终止向汽缸流动,而且流速还相当高,仍可利用气流惯性和压力差继续进气。

由此可见,进气门开启持续时间内的曲轴转角,即进气持续角为 $\alpha+180°+\beta$,α 角一般为 $10°\sim30°$,β 角一般为 $40°\sim80°$。

2)排气门的配气相位

(1) 排气提前角。

在做功行程接近终了,活塞到达下止点之前,排气门便开始开启。从排气门开始开启到下止点所对应的曲轴转角 γ 称为排气提前角。排气门提前开启的目的是,做功行程中活塞接近下止点时,汽缸内的气体还有 $0.30 \sim 0.50$ MPa 的压力,此压力对做功的作用已经不大,但仍比大气压力高,可利用此压力使汽缸内的废气迅速自由排出,待活塞到达下止点时,汽缸内只剩 $0.11 \sim 0.12$ MPa 的压力,使排气行程所消耗的功率大为减小。此外,高温废气的迅速排出,还可以防止发动机过热。

(2) 排气迟后角。

活塞越过上止点后,排气门才关闭。从上止点到排气门关闭所对应的曲轴转角 δ 称为排气迟后角。排气门迟后关闭的目的是:由于活塞到达上止点时,汽缸内的残余废气压力继续高于大气压力,加之排气时气流有一定的惯性,仍可以利用气流惯性和压力差把废气排放得更干净。

由此可见,排气门开启持续时间内的曲轴转角,即排气持续角为 $\gamma + 180° + \delta$。γ 角一般为 $40° \sim 80°$,δ 角一般为 $10° \sim 30°$。

3) 气门重叠

由于进气门在上止点前即开启,而排气门在上止点后才关闭,这就出现了在一段时间内进、排气门同时开启的现象,这种现象称为气门重叠。同时开启的曲轴转角 $\alpha + \delta$ 称为气门重叠角。由于新鲜气流和废气流的流动惯性比较大,在短时间内是不会改变流动的,因此只要气门重叠角选择适当,就不会有废气倒流入进气管和新鲜气体随同废气排出的可能性。相反,由于废气气流周围有一定的真空度,对排气速度有一定影响,从进气门进入的少量新鲜气体可对此真空度加以填补,还有助于废气的排出。

不同发动机,由于其结构、转速各不相同,因而配气相位也不相同。同一台发动机转速不同也应有不同的配气相位,转速愈高,提前角和迟后角也应愈大,但这在结构上很难满足,通常按发动机性能要求,通过试验确定某一常用转速下较为合适的配气相位。

WP10 柴油机的配气相位:

(1) 进气阀开上止点前 $34° \sim 39°$。
(2) 进气阀关下止点后 $61° \sim 67°$。
(3) 排气阀开下止点前 $76° \sim 81°$。
(4) 排气阀关上止点后 $26° \sim 31°$。

任务实施

1. 技术标准与要求

(1) 试验场地须清洁、安全。
(2) 严格按操作规范进行操作。如要求使用专用工具,则必须满足此项要求。
(3) 以 $4 \sim 6$ 人为一个试验小组,能在 4h 内完成此项目。

2. 设备器材

(1) WP10 柴油机。
(2) 常用、专用工具。

(3)柴油机翻转架、零件架。
(4)机油、润滑脂、棉纱等辅料。

3. 操作步骤

(1)清理配气机构各零部件接合面,WP10柴油机配气机构结构,如图3-1-24所示。

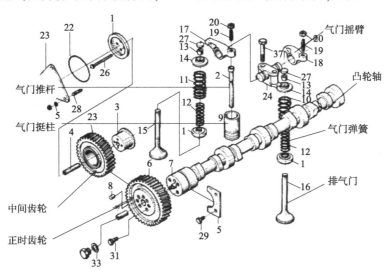

图3-1-24　WP10柴油机配气机构组成图

(2)装凸轮轴(图3-1-25),在凸轮轴衬套处涂抹机油,水平端凸轮轴轻轻转动着装入凸轮轴孔内。凸轮轴推力片(图3-1-26)紧固螺栓拧紧力矩为29～35N·m。装入后检查凸轮轴转动是否阻滞,用手感觉其轴向间隙,该轴向间隙为0.1～0.4mm。

图3-1-25　凸轮轴装配示意图　　图3-1-26　装凸轮轴推力片

(3)装齿轮室部件,擦拭干净机体与齿轮室接触面后,在机体平面上涂上510密封胶(图3-1-27),盘车至一、六缸上止点,抬上齿轮室(图3-1-28),注意中间齿轮与曲轴齿轮的啮合,缓慢放下,勿磕碰曲轴。

(4)装中间齿轮轴(图3-1-29)、机油泵惰轮轴(图3-1-30)、中间齿轮、中间齿轮螺栓(4－M10),对称拧紧到60N·m然后转90°,最后达到100～125N·m。

图 3-1-27 齿轮室接合面涂胶

图 3-1-28 装齿轮室部件

图 3-1-29 装中间齿轮轴

图 3-1-30 装机油泵惰轮

(5)装正时齿轮,正时齿轮上的刻线应该与正时齿轮室上的"OT"刻线对正。旋入预涂胶的六角螺栓且对称拧紧,拧紧力矩为 32~36N·m。

(6)装气门组件(图 3-1-31),将二硫化钼膏均匀涂在进、排气门杆部上,然后将进、排气门装入汽缸盖,保证进、排气门在导管内滑动无阻滞,再依次装气门油封、气门弹簧座、气门弹簧,用专用工具装气门锁夹(图 3-1-32)。

(7)依次装气门挺柱(图 3-1-33)、推杆、摇臂与摇臂座(图 3-1-34),装前必须用压缩空气吹净并检查油孔是否通畅,摇臂座拧紧力矩(98+10)N·m。

(8)盘车到一缸上止点,即飞轮刻线和飞轮壳刻线对齐,判断出一缸压缩上止点。

(9)调节一、二、四缸进气门间隙,一、三、五缸排气门间隙;进气门间隙(0.3±0.03)mm;排气门间隙(0.4±0.03)mm;WEVB 间隙(0.25±0.03)mm,如图 3-1-35 所示。进排气门调整螺母拧紧力矩为 30~40N·m。调整排气门间隙方法如下:

图 3-1-31 装气门组件

图 3-1-32 装气门锁夹

图 3-1-33 装气门挺柱

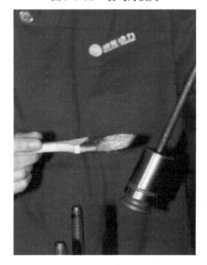
图 3-1-34 装摇臂与摇臂座

①如图 3-1-36 所示,在调节螺栓总成松开、不压紧排气门摇臂封油平面的情况下,通过调整推杆端气门间隙调整螺钉,将总气门间隙调整为 0.4mm,将放松螺母拧紧。注意:调整过程中应转动气门间隙调整螺钉直到将厚薄规夹住,从而保证使气门摇臂活塞压到底,与排气门摇臂中的活塞孔底平面之间无间隙。

②如图 3-1-37 所示,在气门摇臂活塞与排气门之间放入 0.25mm 的厚薄规,通过调整调节螺栓总成,将气门端间隙调整为 0.25mm,将防松螺母拧紧。注意:调整过程中应转动调节螺栓总成直到将厚薄规夹住,从而保证使气门摇臂活塞压到底,与排气门摇臂中的活塞孔底平面之间无间隙。

(10)盘车 360°,使六缸处于压缩上止点,调节六、五、三缸进气门间隙,六、四、二缸排气门间隙和 EVB 气门间隙。

(11)冷态检查一缸配气相位,进气门开上止点前 34°~39°,排气门关上止点后 26°~31°。

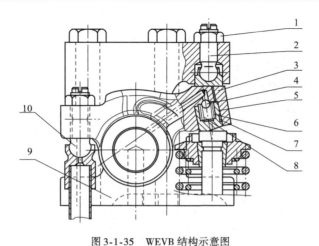

图 3-1-35 WEVB 结构示意图

1-紧固螺母;2-调节螺栓;3-摇臂;4-活塞油道;5-摇臂活塞;6-出油道;7-密封圈;8-活塞套;9-汽缸盖;10-气门间隙调整螺钉

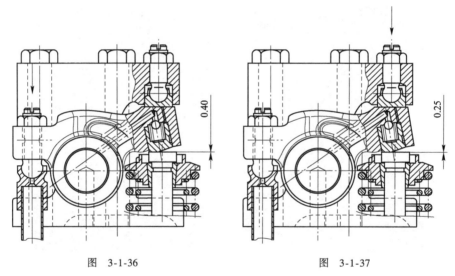

图 3-1-36　　　　　　　　　　图 3-1-37

知识拓展

WEVB 简介

EVB 是英文 Exhaust Valve Brake 的字母缩写,译为排气门制动,如图 3-1-35 所示,W 代表 Weichai。

工作原理:排气阀制动建立在传统的蝶形阀排气制动装置之上。当蝶形节流阀关闭时,柴油机在汽车重力的拖动下类似于压缩机工作,见图 3-1-38。当排气管内的排气压力增加到足以使处在进气行程中活塞位于下止点附近那个汽缸的排气阀被相邻汽缸的活塞所推出的废气产生的压力波打开时,排气阀制动机构就阻止被打开的排气阀关闭(保持 1~2mm 行程)。在压缩行程中,压缩空气的一部分从汽缸中泄漏出来。甚至在活塞已到达上止点后,排气阀仍然开着,这样就使压缩空气通过排气阀间隙膨胀到排气管中,从而使做功行程时向下运动的活塞的速度大大降低,避免压缩功再次驱动发动机做功。在排气行程开始时,通过摇臂的运动使排气阀全开,排气阀摇臂上的卸油孔打开,机油喷出,滑块组件在复位弹簧的作用下复位。上述过程循环往复进行,从而增加柴油机的制动功率。

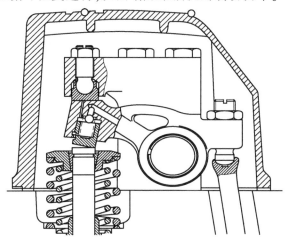

图3-1-38 WEVB工作原理(带EVB摇臂)

配气机构结构与检修评价,见表3-1-1。

配气机构结构与检修评价表　　　　　　　　　　　　　表3-1-1

序号	内容及要求	评分	评分标准	自评	组评	师评	得分
1	准备	10	1.进入工位前,穿好工作服,保持穿着整齐(4分); 2.准备好相关实训材料(记录本、笔)(3分); 3.检查相关配套实训资料(维修手册、使用说明书等)(3分)				
2	清洁	5	按要求清理工位,保持周边环境清洁				
3	专用设备与工具准备	5	按要求检查设备、工具数量和完好程度等				
4	清理配气机构各零部件接合面	5	工具使用正确,操作规范,操作流程完整				
5	装凸轮轴,凸轮轴推力片紧固螺栓拧紧力矩为29~35N·m,凸轮轴轴向间隙为0.1~0.4mm	5	工具使用正确,操作规范,操作流程完整				
6	装齿轮室部件,擦拭干净机体与齿轮室接触面后,在机体平面上涂上510密封胶	5	工具使用正确,操作规范,操作流程完整				

续上表

序号	内容及要求	评分	评分标准	自评	组评	师评	得分
7	装中间齿轮轴、机油泵惰轮轴、中间齿轮	5	工具使用正确,操作规范,操作流程完整				
8	装正时齿轮,正时齿轮上的刻线应该与正时齿轮室上的"OT"刻线对正。旋入预涂胶的六角螺栓且对称拧紧,拧紧力矩为32~36N·m	5	工具使用正确,操作规范,操作流程完整				
9	装气门组件	5	工具使用正确,操作规范,操作流程完整				
10	依次装气门挺柱、推杆、摇臂与摇臂座,摇臂座拧紧力矩(98+10)N·m	6	工具使用正确,操作规范,操作流程完整				
11	盘车到一缸上止点,即飞轮刻线和飞轮壳刻线对齐,判断出一缸压缩上止点	6	工具使用正确,操作规范,操作流程完整				
12	调节一、二、四缸进气门间隙,一、三、五缸排气门间隙;进气门间隙(0.3±0.03)mm;排气门间隙(0.4±0.03)mm;EVB间隙(0.25±0.03)mm	6	工具使用正确,操作规范,操作流程完整				
13	盘车360°,使六缸处于压缩上止点,调节六、五、三缸进气门间隙、六、四、二缸排气门间隙和EVB气门间隙	6	工具使用正确,操作规范,操作流程完整				
14	冷态检查一缸配气相位,进气门开上止点前34°~39°,排气门关上止点后26°~31°	6	工具使用正确,操作规范,操作流程完整				

续上表

序号	内容及要求	评分	评分标准	自评	组评	师评	得分
15	结论	10	操作过程正确、完整,能够正确回答老师提问				
16	安全文明生产	10	结束后清洁(5分); 工量具归位(5分)				

指导教师总体评价:

指导教师_____
_____年___月___日

练一练

一、单项选择题

1. 四冲程发动机每完成一个工作循环,曲轴旋转两周,而各缸进、排气门各开启(　　)。
   A. 一次　　　　　B. 两次　　　　　C. 四次　　　　　D. 不确定

2. 四冲程发动机每完成一个工作循环,此时凸轮轴只旋转一周,因此曲轴与凸轮轴的转速比(即传动比)为(　　)。
   A. 1∶2　　　　　B. 2∶1　　　　　C. 1∶1　　　　　D. 2∶2

3. WP10柴油机正时齿轮传动机构设在机体前端的齿轮室内,由(　　)斜齿轮组成平面齿轮系。
   A. 四个　　　　　B. 五个　　　　　C. 六个　　　　　D. 八个

4. 一般进气门直径往往(　　)排气门。
   A. 小于　　　　　B. 大于　　　　　C. 等于　　　　　D. 不确定

5. 任何两个相继发火的汽缸进或排气凸轮间的夹角均为(　　)。
   A. 30°　　　　　B. 60°　　　　　C. 90°　　　　　D. 120°

二、多项选择题

1. 凸轮轴的布置形式可分为(　　)三种。
   A. 下置　　　　　B. 中置　　　　　C. 斜置　　　　　D. 上置

2. 凸轮轴由曲轴带动旋转,它们之间的传动方式有(　　)等几种。
   A. 液压传动　　　B. 齿轮传动　　　C. 链传动　　　　D. 齿带传动

3. 气门头部与气门座圈接触的工作面,是与杆部同心的锥面,通常将这一锥面与气门顶部平面的夹角称为气门锥角,一般做成(　　)。
   A. 30°　　　　　B. 45°　　　　　C. 60°　　　　　D. 15°

4. 气门导管的工作温度较高,润滑比较困难,一般用含石墨较多的(　　)制成,以提高自润滑性能。
   A. 铸铁　　　　　B. 碳钢　　　　　C. 铝合金　　　　D. 铁基粉末冶金

5. 气门间隙过大,将(　　)。

A. 增大开启量　　　B. 减小开启量　　　C. 增大噪声　　　D. 减小噪声

三、判断题

1. 气门下置式发动机,由于燃烧室结构紧凑,充气阻力小,具有良好的抗爆性和高速性,易于提高发动机的动力性和经济性指标。　　　　　　　　　　　　　　　（　　）

2. 因为气门座在高温下工作,磨损严重,故不少发动机的气门座用耐热钢或合金铸铁单独制成气门座圈。　　　　　　　　　　　　　　　　　　　　　　　　　（　　）

3. 由于进气门在下止点前即开启,而排气门在下止点后才关闭,这就出现了在一段时间内进、排气门同时开启的现象,这种现象称为气门重叠。　　　　　　　　　（　　）

4. 用凸轮轴转角表示的进、排气门实际开闭时刻和开启持续时间,称为配气相位。
　　　　　　　　　　　　　　　　　　　　　　　　　　　　　　　　　　　（　　）

5. 排气门开启持续时间内的曲轴转角,即排气持续角为 $\gamma+180°+\delta$。γ 角一般为 $40°\sim80°$,δ 角一般为 $10°\sim30°$。　　　　　　　　　　　　　　　　　　　　　（　　）

四、分析题

1. 指出图 3-1-39 中各部件名称。

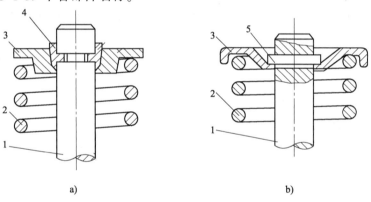

图 3-1-39　配气机构气门组结构图

1-_____;2-_____;3-_____;4-_____;5-_____

2. 简述气门头部采用锥形工作面的目的。

3. 简述配气机构设置配气相位的作用。

模块小结

本模块主要讲述配气机构结构与拆装,主要内容是配气机构的功能和组成、气门组的功用及组成、气门传动组功用及组成、配气机构的组装。通过对本模块的学习,主要掌握凸轮轴、气门、挺柱、挺杆、正时链条(齿带)等主要零部件工作条件、结构特点、使用材料、安装要求,配气正时、气门间隙检查调整,配气机构各总成拆装方法。了解并掌握通用工具和专用工具名称、功能和使用方法。

学习模块 4　进、排气系统结构与拆装

模块概述

进、排气系统作用是，在发动机工作循环时，不断地将新鲜空气或可燃混合气送入燃烧室，然后将燃烧后的废气排到大气中，保证发动机连续运转，如图4-0-1所示。

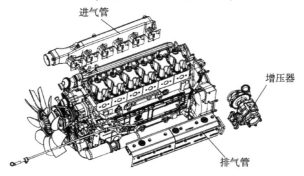

图 4-0-1　进排气系统的组成

进、排气系统的基本装置是由空气滤清器、进气管、排气管和排气消声器等组成。由于排放与噪声法规的要求，现代车用发动机，除了采取完善的燃烧等机内净化措施外，在传统的进、排气系统中又增加了不少机外净化的附件与装置。

【建议学时】

10 学时。

学习任务4.1　进、排气系统结构与拆装

任务目标

通过本任务的学习，应能：
1. 描述进、排气系统的总体组成。
2. 描述进、排气系统各零部件的结构特点和工作原理。
3. 使用通用和专用工具装配 WP10 柴油机进、排气系统。

任务导入

客户反映某重型载货汽车近期动力严重不足。到服务站检修，连接诊断仪发现无任何故障代码。进一步检查，读取数据流发现发动机处于烟度限制状态，空气滤清器清洁，气路

无堵塞、吸瘪,检查排气制动蝶阀,发现蝶阀卡滞无法自动复位,导致排气被压急剧升高,发动机功率不足,需要进行排气制动蝶阀更换。

任务准备

1. 进气系统的结构

汽车发动机的进气系统由空气滤清器和进气歧管两个基本部分组成。

1)空气滤清器

空气滤清器的功用主要是滤除空气中的杂质或灰尘,让洁净的空气进入汽缸。另外,空气滤清器有消减进气噪声的作用。

空气滤清器一般由进气导流管、空气滤清器外壳和滤芯等组成。现在广泛用于汽车发动机上的空气滤清器有多种结构形式。

(1)油浴—离心式空气滤清器。

图4-1-1所示为油浴—离心式空气滤清器。它由壳体、盖子、滤芯、汽缸、滤芯托盘、螺杆、曲轴箱通风管等组成。滤芯由金属丝或毛毡等纤维材料制成。在滤芯壳体内装入适量的机油。这种滤清器的特点是在空气进入滤芯前,让气流在转向处流过一层机油表面,其中大颗粒灰尘因惯性而甩向机油液面并被黏附,其中小颗粒灰尘在随气流通过滤芯时被滤芯阻挡或黏附在滤芯上,其滤清效率达95%~97%。

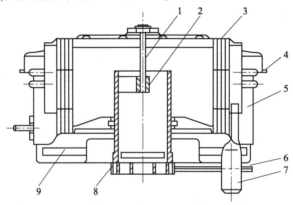

图4-1-1 油浴—离心式空气滤清器

1-螺杆;2-气管;3-滤芯;4-盖子;5-壳体;6-夹紧螺杆;7-曲轴箱通风管;8-固定夹;9-滤芯托盘

(2)干式纸质空气滤清器。

干式纸质空气滤清器被广泛用于各类汽车发动机上,其结构如图4-1-2所示。它由滤清器盖、外壳和纸质滤芯等组成。滤芯是由经树脂处理过的微孔滤纸做成。为取得较大的过滤面积,滤纸折叠成波纹型。滤芯安装在滤清器外壳中。滤芯的上、下表面是密封面。滤芯外面是多孔金属网,用来保护滤芯在运输和保管过程中不使滤纸破损。在滤芯的上、下端浇上耐热塑料溶胶,以固定滤纸、金属网和密封面间的相对位置,并保持其间的密封。在发动机工作时,空气从滤芯的四周穿过滤纸进入滤芯中心,随后流入进气管。杂质被滤芯阻留在滤芯外面。

纸滤芯空气滤清器有质量小、成本低和滤清效果好等优点。干式纸滤芯可以反复使用。

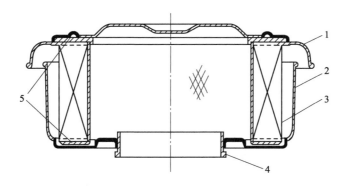

图 4-1-2 干式纸滤芯空气滤清器
1-滤清器盖;2-滤清器外壳;3-滤芯;4-连接管;5-密封圈

(3)湿式纸质空气滤清器。

湿式纸质空气滤清器是把纸质滤芯放在特殊的油中浸渍处理,使其具有很强的吸附空气中杂质的能力,该滤清器是一种新型高效滤清器,能将空气中颗粒直径为 6.6～6.8μm 的灰尘滤掉98%以上,滤纸上加工出许多细小的皱褶,使其过滤面积增大,又可降低空气流通阻力。

(4)离心式及复合式空气滤清器。

离心式空气滤清器多用于大型载货汽车上。在许多自卸车或矿山用汽车上还使用离心式与纸滤芯式相结合的双级复合式空气滤清器(图 4-1-3)。双级复合式空气滤清器的上体7是纸滤芯空气滤清器,下体12是离心式空气滤清器。空气从滤清器下体的进气口10首先进入旋流管11,并在旋流管内螺旋导向下产生高速旋转运动。在离心力的作用下空气中的大部分灰尘被甩向旋管并落入集灰盘14中,空气则从旋流管顶部进入纸滤芯空气滤清器。空气中残存的细微杂质被纸滤芯2滤除。

2)进气导流管

为了增强发动机的谐振进气效果,空气滤清器进气导流管需要有较大的容积。但是导流管不能太粗,以保证空气在导流管内有一定的流速。因此,进气导流管只能做得很长(图 4-1-4),较长的进气导流管有利于实现从车外吸气。因为车外空气温度一般比发动机舱盖下的温度约低30℃,所以从车外吸入的空气密度可增加10%左右,燃油消耗率可降低3%。

3)进气歧管

进气歧管指的是与汽缸盖进气道连接的进气管路。对于柴油机来说,它的功用是将洁净的空气分配到各缸进气道。进气歧管必须将洁净空气尽可能均匀地分配到各个汽缸,为此进气歧管内气体流道的长度应尽可能相等。为了减小气体流动阻力、提高进气能

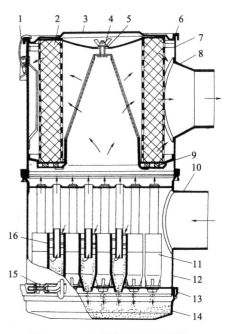

图 4-1-3 双级复合式空气滤清器
1-卡簧;2-纸滤芯;3-滤清器上盖;4-蝶形螺母;
5-密封垫;6、9、13-密封圈;7-上体;8-出气口;
10-进气口;11-旋流管;12-下体;14-集灰盘;
15-卡箍;16-旋流管螺旋导向面

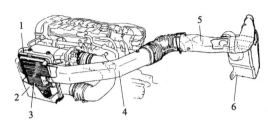

图4-1-4 进气导流管
1-空气滤清器外壳;2-空气滤清器盖;3-滤芯;4-后进气导流管;5-前进气导流管;6-谐振室

力,进气歧管的内壁应该光滑。

进气歧管一般由合金铸铁制造,铝合金进气歧管质量小、导热性好。近年来,采用复合塑料进气歧管的发动机日渐增多。这种进气歧管质量极小、内壁光滑、无需加工。

2. 排气系统的结构

现代汽车发动机排气系统由排气歧管、排气总管和排气消声器组成。

排气系统的作用是在尽可能低的排气流动阻力下,排出尽量少的有害物质、具有尽可能低的排气噪声。

1) 排气歧管

排气歧管一般由铸铁或球墨铸铁制造,近年来采用不锈钢排气歧管的汽车愈来愈多,其原因是不锈钢排气歧管质量小、耐久性好,同时内壁光滑、排气阻力小。

排气歧管的形状十分重要。为了不使各缸排气相互干扰及不出现排气倒流现象,并尽可能地利用惯性排气,应该将排气歧管做得尽可能长,而且各缸支管应该相互独立、长度相等。图4-1-5所示的不锈钢排气歧管结构较好地满足了上述要求。相互独立的各个支管都很长,而且一、四缸排气歧管汇合在一起,可以完全消除排气干扰现象。图4-1-6所示为铸铁排气歧管结构。

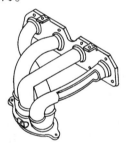

图4-1-5 不锈钢排气歧管

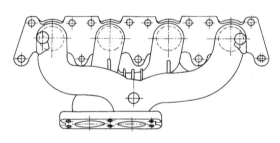

图4-1-6 铸铁排气歧管

2) 排气消声器

排气消声器的功用是消减排气噪声。消声器通过逐渐降低排气压力和衰减排气压力的脉动,使排气能量耗散殆尽。

消声器的基本结构形式,如图4-1-7所示。实际应用的消声器多为这些基本形式的组合,如图4-1-8所示。

扩张式消声器主要用来消减中、低频噪声。吸收式消声器通过吸声材料消减中、高频噪声,共振式则对共振频率附近的噪声的消减效果最好。

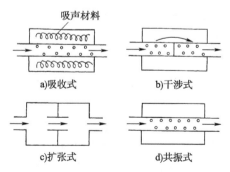

图4-1-7 消声器的基本结构形式

3. 增压系统的结构、原理

1) 增压的概念

利用增压技术,使进入汽缸内的空气量增加,以便可以在汽缸内喷入更多的燃油来提高燃烧压力。这不仅可以提高发动机的功率,同时还可以改善热效率,提高经济性,减少排气中的有害成分,降低噪声。因此,采用增压技术来提高进气充量是提高发动机功率最有效的方法。

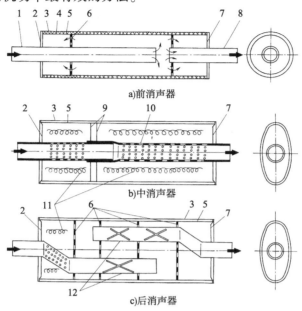

图 4-1-8 消声器结构示意图

1-进气管;2-前端盖;3-外壳;4-纤维夹层;5-内壳;6-多孔隔板;7-后端盖;8-出气管;9-隔板;10-带孔管;11-吸声材料;12-带缝管

2) 增压的方式

根据驱动增压器所用能量来源的不同,增压方法可分为以下四种:

(1) 机械增压系统。

机械增压系统的增压器由发动机通过齿轮、齿带、链条等传动装置驱动,将空气压缩后送入汽缸,如图 4-1-9 所示。增压器采用离心式或罗茨式压气机。机械增压系统的特点是:不增加发动机的排气背压,但要在发动机上安装一套传动装置,而且还要消耗发动机的有效功率,使发动机的经济性有所下降。但它可以改善发动机的低速转矩特性。另外,机械增压器与发动机容易匹配,结构比较紧凑,响应也比较快。机械增压系统多用于小型发动机上,增压压力一般不超过 0.15~0.17MPa。当增压压力提高时,驱动压气耗功过大,会使机械效率明显下降,经济性恶化。

(2) 废气涡轮增压系统。

废气涡轮增压器由涡轮机和压气机组成,如图 4-1-10 所示。将发动机排出的废气引入涡轮机,利用废气所包含的能量推动涡轮叶轮旋转,并带动与其同轴安装的压气机叶轮工作,新鲜空气在压气机内增压后进入汽缸。废气涡轮增压器与发动机没有机械联系,结构简单、工作可靠。

发动机采用废气涡轮增压后,由于其热效率和机械效率的提高,燃油消耗率下降,发动机的经济性得到改善;同时,由于其质量增加比其功率增加小得多,发动机单位功率的质量降低,使得比质量减小、升功率增加;发动机工作在较大的过量空气系数情况下,燃烧较完

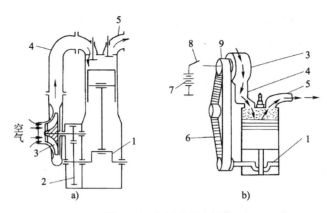

图 4-1-9 机械增压示意图

1-曲轴;2-齿轮增速器;3-增压气;4-进气管;5-排气管;6-齿带;7-蓄电池;8-开关;9-电磁离合器

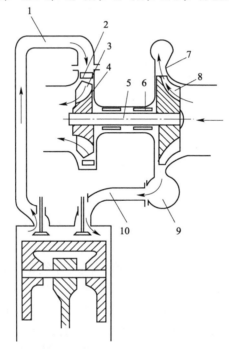

图 4-1-10 废气涡轮增压系统图

1-排气管;2-喷油环;3-涡轮;4-涡轮壳;5-转子轴;6-浮动轴承;7-扩压器;8-压气机叶轮;9-压气机壳;10-进气管

全,排气污染得到改善。故废气涡轮增压系统得到了广泛的应用。

废气涡轮增压器日常维护:

①检查增压器与发动机管道连接部分有无松动迹象,并及时排除。

②检查增压器有无漏气、漏油现象,并及时排除。

③检查增压器紧固螺钉有无松动并及时排除。

④检查空气滤清器,若积尘过多,应及时清洗。

(3)复合增压系统。

在一些发动机上,除了应用废气涡轮增压器外,同时还应用机械增压器,这种增压系统称为复合增压系统(图4-1-11)。有些大型二冲程发动机上,为了保证起动和低转速低负荷时仍有必需的扫气压力，需要采用复合增压系统。复合增压系统有两种基本形式：一种是串联增压系统，发动机的废气进入废气涡轮带动离心式压气机，以提高空气压力，然后送入机械增压器中再增压，进一步提高空气压力后进入发动机；另一种是并联增压系统，废气涡轮增压器和机械增压器分别将空气压力提高后，进入发动机中。

(4) 气波增压系统。

图 4-1-12 所示为气波增压器示意图。气波增压器中有一个特殊形状的转子 3，由发动机曲轴带轮经传动带 4 驱动。在转子 3 中，发动机排出的废气直接与空气接触，利用排气压力波使空气受到压缩，以提高进气压力。气波增压器结构简单，加工方便，工作温度不高，不需要耐热材料，也无须冷却。与涡轮增压相比，其低速转矩特性好。但体积大，噪声水平高，安装位置受到一定的限制。这种增压系统还须进一步研究，才能得到实际的应用。

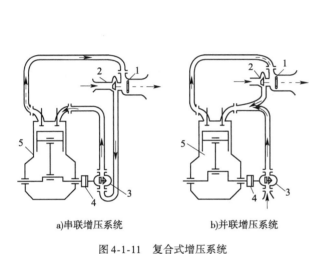 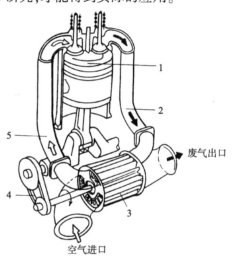

图 4-1-11 复合式增压系统
1-涡轮增压器涡轮；2-涡轮增压气压机；3-机械驱动增压器压气机；4-传动机构 5-柴油机

图 4-1-12 气波增压示意图
1-活塞；2-排气管；3-气波增压器转子；4-传动带；5-发动机进气管

3) 废气涡轮增压器

废气涡轮增压器是用发动机的排气推动涡轮机来带动压气机，以压缩进气，达到进气增压的要求。这种类型的增压器，多采用离心式压气机，废气涡轮一般采用单级涡轮。废气涡轮按其废气在涡轮中的流动方向来区分，有径流式和轴流式涡轮两种。

图 4-1-13 为径流式涡轮增压器的结构图。它是由离心式压气机和径流式涡轮机及中间体三部分组成。增压器轴 5 通过两个浮动轴承 9 支撑在中间体内。中间体内有润滑和冷却的油道，还有防止机油漏入压气机或涡轮机中的密封装置等。

(1) 离心式压气机。

离心式压气机由进气道 6、压气机叶轮 3、无叶式扩压器 2 及压气机蜗壳 1 等组成 (图 4-1-13)。压气机叶轮包括叶片和轮毂，并由增压器轴 5 带动旋转。

当压气机旋转时，空气经进气道进入压气机叶轮，并在离心力的作用下沿着压气机叶片 1 之间形成的流道 (图 4-1-14)，从叶轮中心流向叶轮的周边，空气从旋转的叶轮获得能量，使其流速、压力和温度均有较大的增高，然后进入叶片式扩压器 3。扩压器为渐扩形流道。

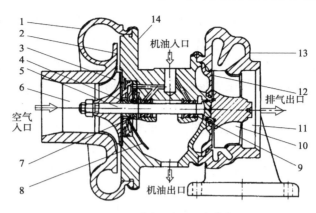

图 4-1-13 废气涡轮增压器结构

1-压气机蜗壳;2-无叶式扩压器;3-压气机叶轮;4-密封套;5-增压器轴;6-进气道;7-推力轴承;8-挡油板;9-浮动轴承;10-涡轮机叶轮;11-出气管;12-隔热板;13-涡轮机蜗壳;14-中间体

空气流过扩压器时减速增压,温度也有所升高。即在扩压器中,空气所具有的大部分动能转变为压力能。

扩压器分叶式和无叶式两种。无叶式扩压器实际上是蜗壳和中间体侧壁所形成的环形空间。无叶式扩压器结构简单、工况变化对压气机效率的影响很小,适于车用增压器。叶片式扩压器是由相邻叶片构成的流道,其扩压比大、效率高,但结构复杂,工况变化对压气机的效率有较大影响。

蜗壳的作用是收集从扩压器中流出的空气,并将其引向压气机出口。空气在蜗壳中继续减速增压,完成其由动能向压力能转变的过程。

压气机叶轮由铝合金精密铸造,蜗壳也用铝合金铸造。

(2)径流式涡轮机。

涡轮机是将发动机排气的能量转变为机械功的装置。径流式涡轮机由蜗壳、喷管、叶轮和出气道等组成(图 4-1-15)。

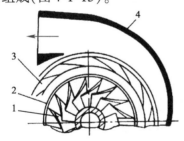

图 4-1-14 离心式压气机示意图
1-压气机叶片;2-叶轮;3-叶片式扩压器;4-压气机蜗壳

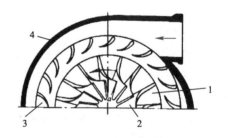

图 4-1-15 径流式涡轮机示意图
1-叶轮;2-叶片;3-叶片式喷管;4-蜗壳

蜗壳 4 的进口与发动机的排气管相连,发动机排气经蜗壳引导进入叶片式喷管 3。喷管是由相邻叶片构成的减缩形流道。排气流过喷管时降压、降温、增速、膨胀,使排气的压力能转变为动能。由喷管流出的高速气流冲击叶轮 1,并在叶片 2 所形成的流道中继续膨胀做功,推动叶轮旋转。

与压气机的扩压器类似,涡轮机的喷管也有叶片式和无叶式之分。现代车用径流式涡流喷管,如图4-1-15所示。涡轮机的蜗壳除具有引导发动机排气以一定角度进入涡轮机叶轮的功能外,还有将排气的压力能和热能部分地转变为动能的作用。

涡轮机叶轮经常在900℃高温的排气冲击下工作,并承受巨大的离心力作用,所以采用镍基耐热合金钢和陶瓷材料制造。用质量小并且耐热的陶瓷材料,可使涡轮机叶轮的质量大约减小2/3,涡轮增压加速滞后的问题也在很大程度上得到改善。

喷管叶片用耐热和抗腐蚀的合金钢铸造或机械加工成型。

蜗壳用耐热合金铸造,内表面应该光洁,以减少气体流动损失。

(3)转子。

涡轮机叶轮、压气机叶轮和密封套等零件安装在增压器轴上,构成涡轮增压器转子。转子以超过10×10^4 r/min,最高可达20×10^4 r/min 的高速旋转,因此,转子的平衡是非常重要的。

增压器轴在工作中承受弯曲和扭转交变应力,一般用韧性好、强度高的合金钢40Cr 或18CrNiWA 制造。

(4)增压器轴承。

增压器轴承的结构是保证车用涡轮增压器可靠性的关键之一。现代车用涡轮增压器都采用浮动轴承,浮动轴承实际上是套在轴上的圆环。圆环与轴以及圆环与轴承座之间都有间隙,形成双层油膜。圆环浮在轴与轴承座之间。一般内层间隙为0.05mm 左右,外层间隙大约为0.1mm。轴承壁厚3~4.5mm,用锡铅青铜合金制造,轴承表面镀一层厚度为0.005~0.008mm 的铝锡合金或金属钢。在增压器工作时,轴承在轴与轴承座中间转动。

任务实施

1. 技术标准与要求

(1)试验场地须清洁、安全。

(2)严格按操作规范进行操作。如要求使用专用工具,则必须满足此项要求。

(3)以4~6人为一个试验小组,能在4h内完成此项目。

2. 设备器材

(1)WP10柴油机。

(2)常用、专用工具。

(3)柴油机翻转架、零件架。

(4)机油、润滑脂、棉纱等辅料。

3. 操作步骤

(1)清理增压器各零部件接合面,WP10 柴油机增压器结构,如图4-1-16所示。

(2)检查转子运转情况。用手轻拨压气机叶轮,转动一转以上表示正常,若很快停下来,则说明轴承有非正常磨损或转动件与固定件之间有碰撞或卡死现象,须分析原因,排除故障。

(3)转子窜动量的检查。将千分表测头顶在压气机端,沿轴向用手推、拉转轴,测量并记录表的差值即可,如图4-1-17所示。转子窜动量应在0.088~0.118mm,若超过此值,说明推力轴承板或推力片及轴承体磨损,应分析原因,排除故障。

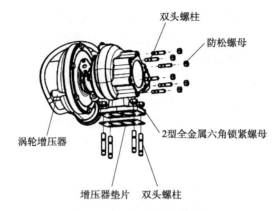

图 4-1-16 增压器系统结构图

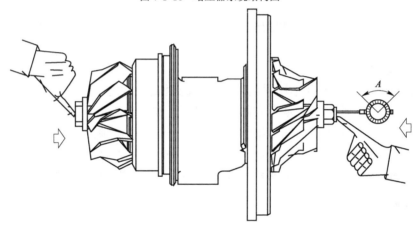

图 4-1-17 轴向间隙测量图示

(4)压气机叶轮径向间隙检查。用手沿径向压下压气机叶轮,用厚薄规测量压气机叶轮和压气机涡轮壳之间的最小、最大间隙值,如图 4-1-18 示。此值应在 0.4~0.8mm,如果超过此范围,则应检查轴承,排除故障。

注:测量在增压器冷态下进行。

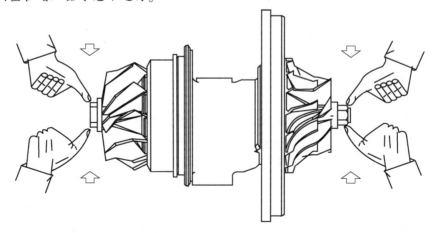

图 4-1-18 径向间隙测量图示

（5）增压器系统装配步骤。

①将预装好的增压器进油管一端旋入汽缸体主油道后螺塞上并拧紧。注意调整进油管位置，便于连接增压器。

②在排气管凸缘上装增压器垫片。

③在增压器总成上装增压器回油管及双头螺柱，并在双头螺柱上涂0号二硫化钼+清洁机油。回油管螺栓拧紧力矩控制在22～29N·m。

④在排气管凸缘面上加增压器垫片，装增压器总成，松装2型全金属六角锁紧螺母并拧紧。

⑤向增压器进油口浇注适量清洁机油，并擦净溢出的机油。

⑥加进油管垫片，装增压器进油管；加自锁垫圈，松装内六角圆柱头螺栓，然后拧紧。进油管螺栓拧紧力矩控制在22～29N·m。转动增压器叶轮，应灵活无阻滞。

⑦装回油弯管。回油弯管安装端圆柱面涂271螺纹锁固密封剂。

⑧装增压器回油软管及软管卡箍并拧紧。注意两个管箍的方向应一致，且找正回油管。

⑨所有垫片只允许使用一次，返修时更换新件。

 **知识拓展**

柴油机排气净化

为了满足日益严格的排放法规要求，必须对柴油机排气进行净化。目前，有多种发动机排气净化装置用在汽车上。

1）发动机的有害排放物

汽车排放的污染物主要有一氧化碳（CO）、碳氢化合物（HC）、氮氧化合物（NO_x）和微粒。

CO是燃油的不完全燃烧产物，是一种无色无味的气体。它与血液中血红素的亲和力是氧气的300倍，因此当人吸入CO后，血液吸收和运送氧的能力降低，导致头晕、头痛等中毒症状。当吸入浓度为0.3%的CO气体时，可致人死亡。

NO和NO_2于高温富氧的燃烧室中会产生NO_x，当空气含NO_x达10～20ppm时，可刺激口腔及鼻黏膜、眼角膜等。当NO_x超过500ppm时，几分钟可使人出现肺气肿而导致死亡。

HC包括未燃和未完全燃烧的燃油和机油蒸气。HC和NO_x在阳光照射下形成光化学烟雾，其中主要的生成物是臭氧（O_3），它具有强氧化性，可使橡胶开裂、植物受害、大气能见度降低，并刺激人眼和咽喉。

微粒主要是指柴油机排气中的炭烟，而汽油机的排气微粒很少。微粒表面吸附的可溶性有机物对人的呼吸道有害。

柴油机的燃烧过程主要在空燃比较大的领域内进行，所以CO和HC排放量相对较少。因此对柴油机而言，其主要有害排放物是NO_x和炭烟微粒，而对这两者的控制技术互相矛盾。如何有效控制NO_x和炭烟微粒，仍是柴油机所面临的难以有效解决的课题。柴油机NO_x控制技术，除燃烧系统改善等机内措施之外，很有效的方法之一就是采用废气再循环（EGR）技术；而微粒的控制主要采用后处理装置，即微粒捕集器。随着排放法规的日趋严格，EGR系统和微粒捕集器已在车用柴油机上得到广泛应用。

2) 柴油机微粒滤清器

微粒是柴油机排放的突出问题。对车用柴油机排气微粒的处理,主要采用多孔介质过滤的方案,即采用微粒滤清器(Diesel Particulate Filter,DPF)。

微粒滤清器的滤芯有体积过滤型和表面过滤型两大类。前者主要用比较疏松的过滤体积容纳微粒,后者主要用比较密实的过滤表面阻挡微粒。体积过滤型滤芯虽然结构均匀,不易产生很高的热应力,但很难兼顾高效率和低阻力,即在令人满意的效率和可以接受的阻力下,外形尺寸显得过大。表面过滤型滤芯一般单位体积的表面积很大、材料壁薄,既可获得较高的过滤效率,又可具有较小的阻力,但滤芯形状复杂,在很高的温度和温度梯度下易于损坏。

目前,公认最成功的表面过滤型DPF滤芯是蜂窝陶瓷DPF。蜂窝滤芯每相邻的两个通道,一个在进口处被堵住,另一个在出口处被堵住。这样,柴油机排气从一个孔道流入后,必须穿过陶瓷壁面从相邻孔道流出(所以这种滤芯被称为壁流式蜂窝陶瓷滤芯,Wall-Flow Ceramic Honeycomb Monolith),排气中的微粒就被沉积在各流入孔道的壁面上,实现了表面过滤作用(图4-1-19)。

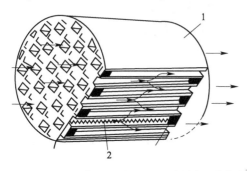

图4-1-19 用作DPF滤芯的壁流式堇青石蜂窝陶瓷块
1-陶瓷滤芯;2-再生用电热丝

在微粒滤清器中积聚的微粒会逐渐增加排气的流动阻力、增大柴油机排气背压、影响柴油机的换气和燃烧、降低功率输出、增加燃油消耗率。因此,必须及时处理微粒过滤器中积聚的微粒,以恢复到接近原先的低阻力特性,这个过程称为微粒滤清器的再生。目前,努力开发的强制再生技术可分为热再生和催化再生两大类。

(1)微粒滤清器的热再生。

热再生就是由外界提供附加能源,提高滤芯的温度,使沉积在滤芯中的微粒燃烧,恢复滤芯的洁净状态。常用的能源为燃油或燃气燃烧器、电阻加热器和微波发生器。

①燃烧器再生。

已经开发了用丙烷或柴油作为燃料、用电点火的燃烧器来引发DPF的再生。柴油燃烧器使用与柴油机相同的燃料,比较方便,但燃烧过程的组织比较困难,尤其冷起动时可能燃烧不良,引起二次污染。应用丙烷作为燃烧器的燃料容易保证完全燃烧,但需要单独的高压丙烷气瓶。

当带再生燃烧器的DPF串联在排气管中时(图4-1-20a),结构简单,柴油机的排气须经过DPF的过滤才排入大气,且柴油机的排气还可用来作为再生燃烧器工作时的助燃气(因柴油机的排气一般都含有5%~10%以上的氧)。但实际上,由于柴油机工况的变化很大,燃烧器串联在排气流中工作会在燃烧控制方面造成很大困难。当排气流量很大时,要把它全部加热到再生温度需要燃烧器消耗大量的燃料,所以实际上常在柴油机怠速时进行DPF再生,排气流量小、节省燃料、排气含氧量高、促进微粒氧化。如在DPF前设置一旁通排气管(图4-1-20b),当排气背压传感器发现背压已高到DPF必须再生时,排气转换阀8关掉DPF

的排气进口,让柴油机的排气经旁通排气管9不经过滤直接排入大气,这样可以大大减少再生燃烧器的燃料消耗。由于DPF的再生时间(一般为5~10min)与再生周期(一般为10h以上)相比很小,排气旁通所造成的微粒总排放量的增加不超过1%。这时,DPF的再生燃烧器除了通过燃料供给系3供给燃料、通过电点火器2点火外,还要通过空气供给系7供给空气,使燃烧器稳定产生预定温度的含氧燃气,高效而可靠地引发DPF中的燃烧。如果在柴油机排气系中安装两个DPF(图4-1-20c),由排气转换阀8让它们轮流工作,那么不仅排气不经过滤的情况不会发生,而且DPF的使用寿命有可能延长。在这种情况下,由于没有必要追求尽可能长的再生周期,每一个DPF的尺寸可适当缩小。实际上,并联的两个DPF在再生期间以外也可以同时工作。

②电阻电加热再生。

用电阻电加热供热再生可避免采用复杂昂贵的燃烧器,同时电加热可避免二次污染。为了提高电阻加热器的再生效率,一般力求使电阻丝与沉积的微粒直接接触。一种结构形式是把螺旋形电阻丝塞入进口一侧的蜂窝孔道中。由于蜂窝陶瓷滤芯孔道数很多,这种结构是十分复杂的。另一种结构形式是采用回形电阻丝,布置在各蜂窝孔道的进口段(图4-1-21)。电阻丝直接点燃微粒,DPF前部微粒燃烧的火焰随着排气气流向DPF的尾部传播,将整个通道内的微粒燃烧完。

③微波加热再生。

上述电阻加热与用燃烧器加热一样,均有加热陶瓷块而浪费能量的缺点,而实际上有用的是把已沉积在滤芯中的微粒本身加热到着火温度。于是利用微波选择性地加热炭烟微粒进行DPF的再生。微波不会加热堇青石陶瓷,因为它的损耗系数很低,实际上对微波来说是透明的。而且DPF的金属壳体会约束微波,防止微波逸出壳体并把它反射到滤芯上。因此,可把

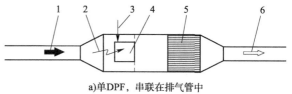

a) 单DPF,串联在排气管中

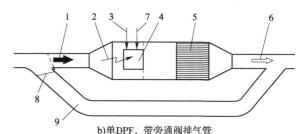

b) 单DPF,带旁通阀排气管

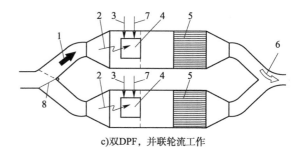

c) 双DPF,并联轮流工作

图4-1-20 DPF在柴油机排气系统中的布置
1-柴油机排出的未过滤排气;2-电点火器;3-燃烧器燃料供给系;4-再生燃烧器;5-陶瓷滤芯;6-已过滤排气;7-助燃空气供给系统;8-排气转换阀;9-旁通排气管

一个发射微波的磁控管放在滤芯的上游,并用一个轴向波导管把它与滤芯相连。再生时把排气流部分旁通,磁控管提供1kW功率,历时10min左右,把炭烟微粒升温到所需的温度,然后把排气流恢复原状以助微粒燃烧。再生时,也可以把排气完全旁通,并喷入适量助燃空气,这样再生过程可以控制得更加完善。为了改善微波加热的均匀性,相关研究已有很多,微波再生是一个很有前途的热再生方案。

(2)DPF的催化再生。

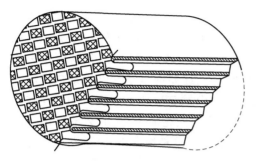

图 4-1-21 蜂窝陶瓷滤芯的 DPF 再生加热用的回形电阻丝结构

催化再生是利用催化剂降低柴油机微粒的着火温度和提高其氧化速度,使之能在柴油机实际使用条件下保证较高的 DPF 再生概率,保持较低的排气背压。在这种情况下,由于再生时滤芯温度过高或热应力过大而造成滤芯损坏的问题就不大可能发生。

目前,使用燃油添加剂的 DPF 再生技术的主要问题是:再生温度的下降还不够多,再生概率还不够大,因此再生时机难以控制,容易因再生时已沉积微粒过多而造成 DPF 过热损坏;添加的催化剂中的金属有 90% 以上以氧化物的形式残留在 DPF 内,虽然不会逸入大气造成二次污染,但残留物造成 DPF 的慢性堵塞,缩短了 DPF 的使用寿命;燃油添加剂在汽缸中燃烧时,会产生一些使微粒在较低温度下容易着火的活性中心,但它们与排气管壁和增压器涡轮叶片等相撞后会丧失活性能量,因此当 DPF 前排气系统复杂时或有涡轮时,应用效果较差;有些金属添加剂加在柴油中,经长期储存可能析出油渣,而有些易于在柴油机喷油嘴上和电热塞上生成金属沉积物。

3) 排气再循环 (EGR) 系统

排气再循环是指把发动机排出的部分废气回送到进气歧管,并与新鲜混合气一起再次进入汽缸。由于废气中含有大量的 CO_2,而 CO_2 不能燃烧却吸收大量的热,使汽缸中混合气的燃烧温度降低,从而减少了 NO_x 的生成量。排气再循环是净化排气中 NO_x 的主要方法。

在新鲜的空气中掺入废气之后,混合气的热值降低,致使发动机有效功率下降。为了做到既能减少 NO_x 的排放,又能保持发动机的动力性,必须根据发动机运转的工况对再循环的废气量加以控制。NO_x 的生成量随发动机负荷的增大而增多,因此,再循环的废气量也应随负荷而增加。在暖机期间或急速时,NO_x 生成量不多,为了保持发动机运转的稳定性,不进行排气再循环。在全负荷或高速下工作时,为了使发动机有足够的动力性,也不进行排气再循环。

三种典型的车用柴油机 EGR 系统,如图 4-1-22 所示。图 4-1-22a) 表示由进气管 4 的真空度驱动 EGR 阀 1 的机械式 EGR 系统。在这种系统中,除低温切断 EGR 控制阀 5 实现外,其余的控制规律全靠进气管节气门后的真空度和真空驱动 EGR 阀 1 的构造保证。这种 EGR 阀一般是靠弹簧复位的膜片阀,作用在膜片上的真空度越大,EGR 阀的开度也越大。由于进气管节气门后的真空度将随着节气门开度的减小(即发动机负荷的减小)而加大,因而 EGR 阀的开度也将随负荷减小而增大,这显然不符合 EGR 的控制要求。为了修正这种特性,在 EGR 阀的具体设计上想了很多办法。例如,如图 4-1-23 所示的带排气背压控制阀的 EGR 阀就是一例。当发动机在急速状态或小负荷运转时,排气背压很低,背压控制阀 1 在弹簧 10 作用下保持开启(图 4-1-23a),于是环境空气从入口 8 经开启的控制阀 1 进入真空室 2,驱动膜片 9 不升起,因而与其刚性相连的 EGR 阀 15 保持关闭。当发动机在中等转速、中等负荷运转时,排气背压升高,背压控制阀 13 克服弹簧 10 的推力而关闭,进气管真空度经入口 4、节流孔 3 进入真空室 2,于是驱动膜片 9 克服复位弹簧 11 的推力而升起,EGR

阀 15 开启，再循环的排气 14 进入进气系统。当发动机大负荷运转时，虽然背压阀关闭，但进气管真空度很小，EGR 阀关闭。综上可知，如图 4-1-23 所示的带排气背压控制阀的 EGR 阀，基本上可以满足 EGR 系统控制要求。

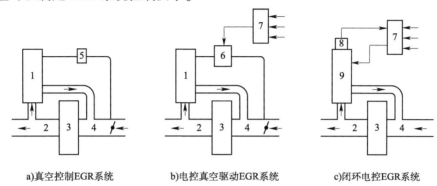

图 4-1-22　车用柴油机的 EGR 系统简图
1-真空驱动 EGR 阀；2-排气管；3-发动机；4-进气管；5-温度控制阀；6-电控真空调节器；7-电控器；8-EGR 阀位置传感器；9-电磁驱动 EGR 阀

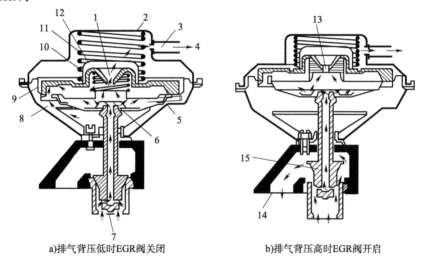

图 4-1-23　带排气背压控制阀的 EGR 阀构造和工作原理
1-排气控制阀（开启）；2-真空室；3-真空度节流孔；4-进气管真空度入口；5-排气背压感应膜片；6-导流板；7-排气背压入口；8-空气入口；9-驱动膜片；10-背压控制阀弹簧；11-复位弹簧；12-滤网；13-背压控制阀；14-在循环的排气；15-EGR 阀

不过，若 EGR 系统全靠进气管真空度控制，即使 EGR 阀设计巧妙，再加上排气背压协助控制，也不可能得到理想的控制规律。如图 4-1-22b) 所示的电控真空驱动 EGR 系统，用电控器 7 控制真空调节器 6，后者控制供给真空驱动 EGR 阀 1 的真空度。这样，通过预先标定的 EGR 脉谱有可能针对不同工况实现 EGR 的优化控制。

在实现全电控的现代柴油机中，使用图 4-1-22c) 所示的闭环电控 EGR 系统。这种系统一般应用带 EGR 阀位置传感器 8 的线形位移电磁式 EGR 阀 9，由电控器 7 发出的 PWM 信号驱动。传感器 8 发出的 EGR 阀位置信号反馈给电控器 7，保证精确实现预定的控制脉谱。图 4-1-24 所示为带阀位置传感器的线性位移电磁式 EGR 阀的一个结构实例。

电控 EGR 系统的控制脉谱通过发动机的 EGR 标定试验确定。从最佳 EGR 率随发动机转速和符合的关系,得出最佳 EGR 阀位置(或 EGR 的 PWM 信号占空比)随转速传感器信号和加速踏板传感器信号的关系,再针对冷却液温度等参数进行修正。

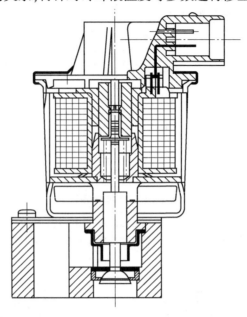

图 4-1-24　带阀位置传感器的线性位移电磁式 EGR 阀结构实例

进、排气系统结构与检修评价,见表 4-1-1。

进、排气系统结构与检修评价表　　　　　　表 4-1-1

序号	内容及要求	评分	评分标准	自评	组评	师评	得分
1	准备	10	1.进入工位前,穿好工作服,保持穿着整齐(4分); 2.准备好相关实训材料(记录本、笔)(3分); 3.检查相关配套实训资料(维修手册、使用说明书等)(3分)				
2	清洁	5	按要求清理工位,保持周边环境清洁				
3	专用设备与工具准备	5	按要求检查设备、工具数量和完好程度等				
4	清理配气机构各零部件接合面	5	工具使用正确,操作规范,操作流程完整				
5	装凸轮轴,凸轮轴推力片紧固螺栓拧紧力矩为 29～35N·m,凸轮轴轴向间隙为 0.1～0.4mm	10	工具使用正确,操作规范,操作流程完整				

续上表

序号	内容及要求	评分	评分标准	自评	组评	师评	得分
6	装齿轮室部件,擦拭干净机体与齿轮室接触面后,在机体平面上涂上510密封胶	10	工具使用正确,操作规范,操作流程完整				
7	装中间齿轮轴、机油泵惰轮轴、中间齿轮	10	工具使用正确,操作规范,操作流程完整				
8	装正时齿轮,正时齿轮上的刻线应该与正时齿轮室上的"OT"刻线对正。旋入预涂胶的六角螺栓且对称拧紧,拧紧力矩为32~36N·m	10	工具使用正确,操作规范,操作流程完整				
9	装气门组件	5	工具使用正确,操作规范,操作流程完整				
10	依次装气门挺柱、推杆、摇臂与摇臂座,摇臂座拧紧力矩(98+10)N·m	10	工具使用正确,操作规范,操作流程完整				
11	结论	10	操作过程正确、完整,能够正确回答老师提问				
12	安全文明生产	10	结束后清洁(5分); 工量具归位(5分)				

指导教师总体评价：

指导教师_____
_____年___月___日

练一练

一、单项选择题

1. 采用( )来提高进气充量是提高内燃机功率最有效的方法。
   A. 废气再循环　　B. 大压缩比　　　C. 增压技术　　　D. 大缸径
2. 扩张式消声器主要用来消减( )噪声。
   A. 低频　　　　　B. 中、低频　　　C. 高频　　　　　D. 中、高频
3. 吸收式消声器通过吸声材料消减( )频噪声。
   A. 低频　　　　　B. 中、低频　　　C. 高频　　　　　D. 中、高频
4. 空气流过扩压器时减速增压,温度也有所( )。
   A. 升高　　　　　B. 降低　　　　　C. 不变　　　　　D. 不确定
5. 在扩压器中,空气所具有的大部分动能转变为( )。

A. 热能　　　　　B. 势能　　　　　C. 化学能　　　　　D. 压力能

二、多项选择题

1. 空气滤清器一般由(　　)等组成。
   A. 进气导流管　　　　　　　　B. 空气滤清器外壳
   C. 滤尘液　　　　　　　　　　D. 滤芯
2. 采用不锈钢排气歧管的汽车愈来愈多,其原因是不锈钢排气歧管(　　)。
   A. 质量小　　　　　　　　　　B. 耐久性好
   C. 排气阻力小　　　　　　　　D. 内壁光滑
3. 废气涡轮按废气在涡轮中的流动方向来区分,有涡轮(　　)两种。
   A. 涡流式　　　　B. 周流式　　　　C. 径流式　　　　D. 轴流式
4. 涡轮机是将发动机排气的能量转变为机械功的装置。径流式涡轮机由(　　)等组成。
   A. 蜗壳　　　　　B. 喷管　　　　　C. 进气道　　　　D. 叶轮
5. 无叶式扩压器(　　),适于车用增压器。
   A. 工况变化对压气机效率的影响很大
   B. 工况变化对压气机效率的影响很小
   C. 结构简单
   D. 结构复杂

三、判断题

1. 空气滤清器无消减进气噪声的作用。　　　　　　　　　　　　　　　(　　)
2. 柴油机的进气系统由空气滤清器、进气管和进气歧管三个基本部分组成。(　　)
3. 湿式纸质空气滤清器多用于轿车上。　　　　　　　　　　　　　　　(　　)
4. 现代车用涡轮增压器都采用固定轴承。　　　　　　　　　　　　　　(　　)
5. 排气再循环是净化排气中 NO_x 的主要方法。　　　　　　　　　　　(　　)

四、分析题

1. 指出图4-1-25中各部件名称。

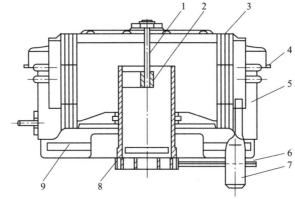

图4-1-25　空气滤清器结构图

1-_____;2-_____;3-_____;4-_____;5-_____;
6-_____;7-_____;8-_____;9-_____

2. 简述油浴—离心式空气滤清器的工作特点。
3. 简述离心式废气涡轮增压器结构及工作特点。

模块小结

本模块主要讲述进、排气系统结构与拆装,主要内容是进、排气系统功能和组成,进气系统功用及组成,排气系统功用及组成,废气排放净化系统的组装。通过对本模块的学习,主要掌握滤清器、消声器、废气净化系统组件等主要零部件工作条件、结构特点、使用材料、安装要求,废气排放成分、废气净化原理,废气净化系统拆装方法。了解并掌握通用工具和专用工具名称、功能和使用方法。

学习模块 5　冷却系统结构与拆装

模块概述

冷却系统的功用是使发动机在所有的工况下都保持在适当的温度范围内。冷却系统既要防止发动机过热,也要防止冬季发动机过冷。在发动机冷起动以后,冷却系统还要保证发动机迅速升温,尽快达到正常的工作温度。

发动机在工作时,与高温燃气接触的发动机零件受到强烈的加热,如果不进行适当的冷却,发动机将会过热,造成工作过程恶化。例如:燃烧室的充气密度下降,导致功率下降;正常的燃烧被破坏,出现早燃、爆燃等;零件受热,使得机器结构强度降低;机油变质,导致零部件磨损加剧。最终导致发动机动力性、经济性、可靠性和耐久性全面下降。

反之,发动机在较冷的条件下工作也是有害的。无论是过度冷却还是长时间在低温下工作,均会使散热损失和摩擦损失增加、零部件磨损加剧、排放恶化、发动机工作粗暴、功率下降及燃油消耗率增加。所以,现代完善的发动机冷却系统,应该保证发动机在各种不同工况下都处于最佳热状态。即不过热,也不过冷,既有良好的动力性和经济性,又有很好的工作可靠性。它使受热件保持在适用的范围内。

发动机的冷却有风冷和水冷之分。以空气为冷却介质的冷却系统称风冷系。以冷却液为介质的称水冷系。

水冷发动机是目前使用比较广泛的冷却方式,如图5-0-1所示。发动机的冷却系统是由水泵、散热器、冷却风扇、节温器、补偿水桶、发动机机体和汽缸盖中的水套以及其他附属装置等组成。

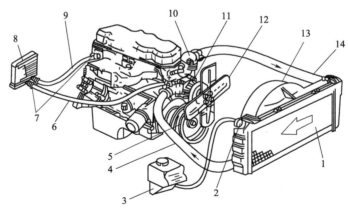

图 5-0-1　汽车发动机水冷系组成

1-散热器;2-散热器盖;3-补偿水桶;4-散热器出水软管;5-风扇传动带;6-暖风机出水软管;7-管箍;8-暖风机芯;9-暖风机进水软管;10-节温器;11-水泵;12-冷却风扇;13-护风圈;14-散热器进水软管

学习模块5 冷却系统结构与拆装

【建议学时】
8学时。

学习任务5.1 冷却系统结构与拆装

通过本任务的学习,应能:
1. 描述冷却系统的总体组成。
2. 描述冷却系统各零部件的结构特点和工作原理。
3. 使用通用和专用工具装配WP10柴油机冷却系统。

新车行驶5000km后,驾驶员反映空调制冷效果不好,车辆重载爬坡时水温高。先检测空调,连接高低压表后起动发动机并打开空调,高压快速升至2.9MPa,并且听不到三速电磁风扇离合器吸合的声音,风扇只是低速跟转,冷凝器表面烫手,无法有效散热。进一步检查发现,三速电磁风扇离合器线圈断路,需要更换三速电磁风扇离合器。

1. 冷却系统循环

车用发动机的冷却系统通常都是强制循环水冷系统,即用水泵提高冷却液的压力,强制冷却液在发动机中循环流动。如图5-1-1所示,WP10系列柴油机水泵安装在柴油机前端,当发动机工作时,曲轴带轮通过风扇传动带带动风扇及水泵旋转。水泵将冷却液泵入发动机,进入发动机右侧水室内,首先冷却机油冷却器,使机油得到冷却;之后,冷却液从机体右下部进入缸体缸壁内水道,对汽缸体进行冷却;通过缸体与缸盖的水孔进入汽缸盖水腔,对缸盖进行冷却;冷却缸盖后的冷却水汇流到发动机出水管中,出水管出水终端与节温器连接,节温器的另外两端分别与水泵进水口和水箱进水管相接。冷却液温度由节温器自动调节,将水温控制在80~95℃(车用机)。大循环时,冷却液经过水箱散热器进行冷却;小循环时冷却液直接进入水泵进水口,使柴油机迅速升温,达到正常运行所要求的热状态。汽车行驶的迎面风和风扇吸入的风用来冷却散热水箱,带走散热水箱的热量,以保持发动机正常的工作温度在85~95℃。

暖风机是一个热交换器,也可称作第二散热器。在装有暖风机的水冷系中,热的冷却液从汽缸盖或机体水套经暖风机进水软管流入暖风机芯,然后经暖风机出水软管流回水泵。吹过暖风机芯的空气被冷却液加热后,一部分送到风窗玻璃除霜,一部分送入驾驶室或车厢。

2. 冷却系统主要零部件结构

1) 散热器

发动机水冷系统中的散热器由进水室、出水室及散热器芯三部分组成,如图5-1-2所示。

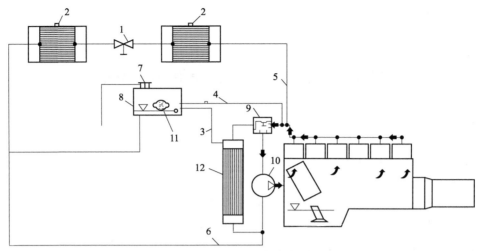

图 5-1-1　WP10 柴油机水冷系统

1-开关；2-暖风机；3-水箱出气管；4-膨胀水箱进水管；5-暖风机进水管；6-水管；7-限压阀盖；8-膨胀水箱；9-节温器；10-水泵；11-加水盖；12-水箱

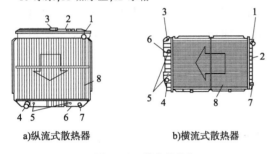

a)纵流式散热器　　b)横流式散热器

图 5-1-2　散热器结构

1-进水口；2-进水室；3-散热器盖；4-出水口；5-变速器油冷却器进、出口；6-出水室；7-放水阀；8-散热器芯

冷却液在散热器芯内流动，空气在散热器芯外通过。按照散热器中冷却液流动的方向，可将散热器分为纵流式和横流式两种。纵流式散热器芯竖直布置，上接进水室、下连出水室，冷却液由进水室自上而下地流过散热器芯进入出水室（图5-1-2a）。横流式散热器芯横向布置，左、右两端分别为进、出水室，冷却液自进水室经散热器芯到出水室横向流过散热器（图5-1-2b）。

传统的散热器芯由黄铜制造。但近几年来更多是用铝制造，而且有些散热器的进、出水室用复合塑料制造，使散热器重量大为减轻。

2）散热器盖

在发动机强制循环水冷系中，用散热盖严密地盖在散热器冷却液加注口上，使冷却系统成为封闭系统。通常把这种水冷系称为闭式水冷系。其优点是：可使系统内的压力提高 98～196kPa，冷却液的沸点提高到 120℃ 左右，从而扩大了散热器与周围空气的温差，提高了散热器的换热率。由于散热能力的增强，可减少散热器的尺寸。另外，闭式水冷系统还可以减少冷却液外溢及蒸发损失。

散热器盖的作用是密封水冷系并调节系统的工作压力。当把散热器盖盖在散热器冷却液加注口上并锁紧时，散热器盖上的密封衬垫在压力阀弹簧的作用下与冷却液加注口的上密封面贴紧，散热器盖的下密封衬垫与冷却液加注口的下密封面贴紧，这时水冷系被封闭。散热器盖的结构及工作原理，如图 5-1-3 所示。当发动机工作时，冷却液的温度升高。由于冷却液体积膨胀，冷却系统内压力增高。当压力超过预定值时，压力阀开启，一部分冷却液经溢流管流入膨胀水箱，以防止冷却液胀裂散热器。当发动机停机后，冷却液的温度下降，冷却系内的压力也随之降低。当压力降到大气压力以下出现真空时，真空阀开启，膨胀水箱的冷却液部分流回散热器,可以避免散热器被大气压力压坏。

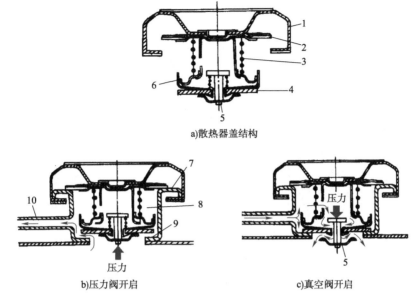

图 5-1-3 散热器盖结构及其工作原理

1-散热器盖;2-上密封衬垫;3-压力阀弹簧;4-下密封衬垫;5-真空阀;6-压力阀;7-冷却液加注口上密封面;8-冷却液加注口;9-冷却液加注口下密封面;10-溢流管

3)膨胀水箱

膨胀水箱是塑料制造并用软管与散热器冷却液加注口溢流管相连。其作用就是当冷却液受热膨胀时,部分冷却液流入膨胀水箱;而当冷却液降温时,部分冷却液又被吸回散热器,保证冷却液不会溢失。膨胀水箱内的液面有时升高,有时降低,而散热器却总是能被冷却液充满。在膨胀水箱的外表面上有两条标记线:"高"和"低"线,膨胀水箱内的液面应位于两条标记线之间。若液面低于"低"线时应向膨胀水箱内补充冷却液。在向膨胀水箱内补充冷却液时,液面不应超过"高"线。

膨胀水箱还可以消除水冷系中的气泡。不论水冷系中有空气泡或蒸汽泡,都会降低传热效果。水冷系中有空气还会引起金属的腐蚀。

4)散热器百叶窗

百叶窗的作用是通过改变吹过散热器的空气流量来调节发动机的冷却强度,以保证发动机经常在适当的温度范围内工作。在发动机冷起动或暖车期间,冷却液的温度较低,这时百叶窗部分或全部关闭,以减少吹过散热器的空气流量,使冷却液的温度迅速升高。

百叶窗可由驾驶员通过手柄来控制开闭,也可用感温器自动控制。图5-1-4为货车上使用的散热器百叶窗自动控制系统。控制系统的感温器安装在散热器的进水管上,用来感受发动机冷却液温度。发动机冷起动或暖车期间,百叶窗关闭。当发动机达到正常工作温度后,感温器打开空气阀,使制动空气压缩机产生的压缩空气进入空气缸,并推动空气缸内的活塞连同调整杆一起下移,带动杠杆使百叶窗开启。

5)冷却风扇

风扇的功用是旋转时吸进空气,使其通过散热器,以增强散热器的散热能力、加速冷却液的冷却。

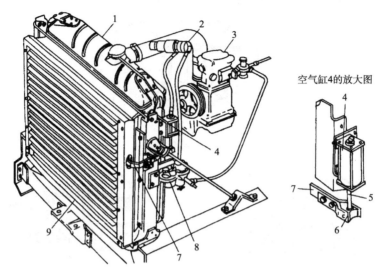

图5-1-4 百叶窗自动控制系统
1-散热器;2-感温器;3-制动空气压缩机;4-空气缸;5-调整杆;6-调整螺母;7-杠杆;8-空气滤清器;9-百叶窗

风扇有两种形式,即轴流式和离心式。汽车发动机通常采用低压头、大风量、高效率的轴流风扇,如图5-1-5所示。风扇旋转时,空气沿着风扇旋转轴的轴线方向流动。风扇的风量主要与风扇直径、转速、叶片形状、叶片安装角及叶片数有关。叶片的断面形状有圆弧形和翼形两种,如图5-1-6所示。前者由薄钢板冲压而成,后者用塑料或铝合金铸制。翼形风扇效率高、消耗功率少。一般叶片与风扇旋转平面呈30°～45°。叶片数为4、5、6或7片。叶片之间的间隔角或相等或不等。间隔角不等的叶片可以减小叶片旋转时的振动和噪声。

离心式风扇的工作原理和离心式水泵一样,所不同的是流动的介质不是冷却液而是空气。风扇叶片间的气流通道比较狭长而且逐渐扩大,叶片的弯曲方向和气流一致,有利于引导气流,抑制气流的分离和产生涡流。

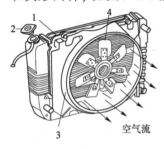

图5-1-5 冷却风扇与导风罩
1-散热器;2-散热器盖;3-导风罩;4-风扇

6)节温器

节温器的功用是控制冷却液流动路径的阀门。节温器是根据冷却液温度的高低自动调节进入散热器的水量,改变水的循环范围,以调节冷却系的散热能力,保证发动机在合适的温度范围内工作。节温器必须保持良好的技术状态,否则会严重影响发动机的正常工作。如节温器主阀门开启过迟,就会引起发动机过热;主阀门开启过早,则使发动机预热时间延长,使发动机温度过低。

节温器有波纹管式和蜡式两种。波纹式节温器是借波纹筒内易挥发液体的蒸发压力开、闭阀门,它随冷却系统的工作压力而变化,强度低、易损坏、成本高,已逐渐被淘汰。目前,主要采用的节温器为蜡式节温器,潍柴各系列柴油机也均采用蜡式节温器。

(1)蜡式节温器的结构。

蜡式节温器由上支架、下支架、主阀门、旁通阀、感应体、中心杆、橡胶管和弹簧等组成,如图5-1-7所示。

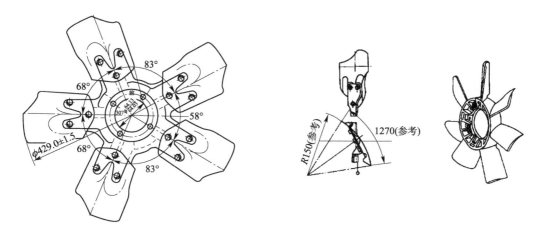

a)圆弧形叶片断面风扇　　　　　　　b)翼形叶片断面风扇

图 5-1-6　叶面断片为圆弧形和翼形的风扇

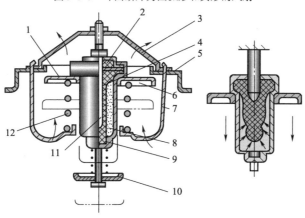

图 5-1-7　蜡式节温器的结构示意图

1-主阀门;2-盖和密封垫;3-上支架;4-胶管;5-阀座;6-通气孔;7-下支架;8-石蜡;9-感应体;10-旁通阀;11-中心杆;12-弹簧

（2）蜡式节温器的工作原理。

①小循环。

当水温低于76℃时,主阀门完全关闭,旁通阀完全开启,由汽缸盖出来的冷却液经旁通管直接进入水泵,故称小循环。由于冷却液只是在水泵和水套之间流动,不经过散热器,且流量小,所以冷却强度弱。

②混合循环。

当水温度在76~88℃时,大小循环同时进行,当柴油机水温达76℃左右时,石蜡逐渐变成液态,体积随之增大,迫使橡胶管收缩,从而对中心杆下部锥面产生向上的推力。由于杆的上端固定,故中心杆对橡胶管及感应体产生向下的反推力,克服弹簧张力使主阀门逐渐打开,旁通阀开度逐渐减小。

③大循环。

当柴油机内水温升高到88℃时,主阀门完全开启,旁通阀完全关闭,冷却液全部流经散热器,称为大循环。由于此时冷却液流动路线长,流量大,冷却强度强。

(3)节温器的布置。

水冷系统的冷却液一般都是由机体进,从汽缸盖流出。大多数节温器布置在汽缸盖出水管路中。这种布置的优点是结构简单,容易排除水冷系统中的气泡。其缺点是节温器在工作时会产生振荡现象。

节温器也可以布置在散热器的出水管路中。这种布置方式可以减少或消除节温器振荡现象,并能精确地控制冷却液的温度,但其结构复杂,成本较高,多用于高性能的汽车。

7)水泵

水泵的功用就是对冷却液加压,保证其在冷却系中循环流动。

目前,汽车发动机广泛采用离心式水泵,如图5-1-8所示。它由水泵壳体1、水泵轴2、叶轮3及进、出水管等组成。水泵壳体由铸铁或铝铸制成。叶轮由铸铁或塑料制造,叶轮上通常有6~8个径向直叶片或后弯叶片,如图5-1-9所示。进、出水管与水泵壳体铸成一体。离心式水泵的工作原理,见图5-1-8。当水泵叶轮按图示方向旋转时,水泵中的冷却液被叶轮带动一起旋转,并在离心力的作用下被甩向水泵壳体的边缘,同时产生一定的压力,然后从出水管流出。在叶轮的中心处,由于冷却液被甩出而压力降低。散热器中的冷却液在水泵进口与叶轮中心的压差作用下,经进水管流入叶轮中心。

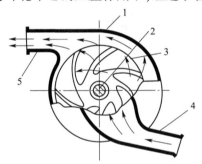
图5-1-8 离心式水泵工作原理
1-水泵壳体;2-水泵轴;3-叶轮;4-进水管;5-出水管

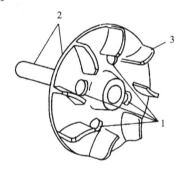
图5-1-9 8个后弯叶片的水泵叶轮
1-减压孔;2-叶轮及叶轮轴;3-叶片

WP10柴油机水泵为离心式水泵,由曲轴带轮驱动,水泵中的冷却液被叶轮带动旋转,在离心力的作用下以一定压力甩出。其安装在柴油机前端的齿轮室上,水泵蜗壳与齿轮室铸成一体,蜗壳出水口直接与机体右侧水室相连通。水泵由两根三角传动带传动,汽缸体前端的正时齿轮室上还安装有传动带张紧轮,变动其位置,可以调节传动带的松紧。

任务实施

1.技术标准与要求

(1)试验场地须清洁、安全。

(2)严格按操作规范进行操作。如要求使用专用工具,则必须满足此项要求。

(3)以4~6人为一个试验小组,能在4h内完成此项目。

2.设备器材

(1)WP10柴油机。

(2)常用、专用工具。
(3)柴油机翻转架、零件架。
(4)机油、润滑脂、棉纱等辅料。

3. 操作步骤

(1)清理冷却系统各零部件接合面,WP10 柴油机冷却系统结构,如图 5-1-10 所示。

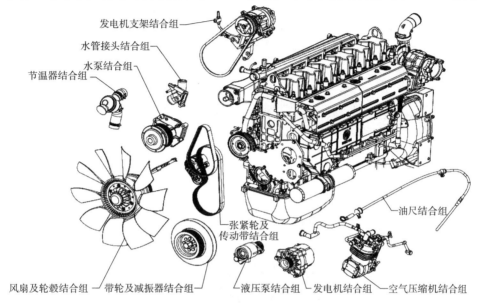

图 5-1-10　WP10 柴油机冷却系统结构图

(2)装出水管部件(图 5-1-11),加出水管垫片,安装出水管并拧紧出水管螺栓。出水管垫片建议使用一次,维修时进行更换。

(3)装水泵,加水泵垫片,装水泵并拧紧水泵螺栓,装水泵水管接头,如图 5-1-12 所示。

(4)装张紧轮(图 5-1-13)、减振器及带轮(图 5-1-14),减振器(带轮)与曲轴的连接螺栓为 8-M10。对称拧紧,拧紧力矩为 60~70N·m。

图 5-1-11　装出水管部件

图 5-1-12　装水泵

图 5-1-13 装张紧轮部件　　　　图 5-1-14 装减振器及带轮

(5) 装节温器,装冷却液连接胶管与出水管和节温器相连的两个卡箍,如图 5-1-15 所示。

图 5-1-15 装节温器部件

(6) 装风扇组件,查看风扇、离合器、风扇连接盘、带轮有无裂纹等损伤,依次装带轮、风扇连接盘、风扇离合器、风扇,如图 5-1-16 所示。

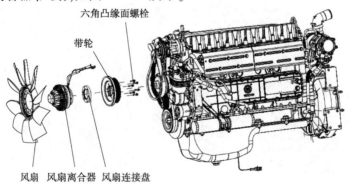

图 5-1-16 装风扇组件

 知识拓展

1. 冷却液

水冷发动机冷却液主体为水。其性能稳定、热容量大、导热好、沸点高、体积膨胀系数小、廉价、使用方便、容易获取。它的不足是：冰点高，在0℃结冰，在冬季或寒冷地区使用困难。此外，天然水中含有一部分钙、镁等矿物盐类，当水在发动机冷却系统内循环受热时，碳酸盐会在冷却系统内壁上形成一层很难除去的水垢，而水垢导热性差，会恶化和破坏发动机冷却条件。另外，溶解在水中的有些盐类，造成了对冷却系统的腐蚀。

为防止冷却系产生水垢、锈蚀，增强冷却系的密封性能，在冷却液中加有冷却系统保证剂、冷却密封剂和防腐蚀剂等添加剂。

为避免水在0℃时结冰、降低冰点温度，在冬季或寒冷地区使用防冻液。防冻液有三种：乙二醇加水、甘油加水、酒精加水。它们是乙二醇、甘油、酒精分别与水按不同的比例混合而成的防冻液，以提高沸点温度，降低冰点温度。

目前，最常用的是乙二醇加水防冻液。乙二醇的沸点为470.4K、密度为1.113g/cm³。与水混合后，最低冰点可达205K，沸点比水高，挥发性小，可保存1~2年。由于乙二醇有毒，因此不要触及皮肤。同时，乙二醇对金属也有一定的腐蚀作用。所以，配制时要加入防锈剂和泡沫抑制剂。由于冷却液中的空气在水泵的搅动下会产生很多泡沫，这些泡沫会妨碍水套的散热。因此需加入泡沫抑制剂，泡沫抑制剂能有效地抑制泡沫的产生。乙二醇与水的配比，见表5-1-1。

防冻液（乙二醇加水）冰点与成分配比　　　　表5-1-1

冰点（℃）	乙二醇（容积,%）	水（容积,%）	密度（g/cm³）
-10	28.4	71.6	1.043
-15	32.8	67.2	1.0426
-20	38.5	61.5	1.0506
-25	45.3	54.7	1.0586
-30	47.8	52.2	1.0627
-40	54.7	45.3	1.0713
-50	59.9	40.1	1.0780

2. 硅油风扇离合器

发动机在工作过程中，由于环境条件和运行工况的变化，发动机的热状况也在变化。必须根据环境和运行条件的变化随时调节发动机的冷却强度。试验证明，水冷系统只有25%的时间需要风扇工作，在冬季工作时间更短。因此，根据发动机的热状况随时对其冷却强度进行调节是十分必要的。在风扇带轮与冷却风扇之间装置硅油风扇离合器，是实现这种调节的方法之一。

硅油风扇离合器是一种以硅油为转矩传递介质，利用散热器后面的气流温度，自动控制硅油液力的传动离合器。其主要结构由主动板、从动板、双金属感温器及壳体等构成，如图5-1-17所示。风扇装于壳体上，从动板与壳体之间的空间为工作腔，从动板与前盖之间为储

油腔,硅油存于其中。从动板上有进油孔,由感温阀片和双金属感温器控制。从动板外缘有一个由球阀控制的回油孔。

硅油风扇离合器的工作原理:冷却液温度较低时,通过散热器的空气温度不高,进油孔关闭,储油腔的硅油不能进入工作腔,离合器分离。冷却液温较高时,双金属感温器受热变形,从而带动阀片轴和阀片转过一定角度,将进油孔打开,硅油进入工作腔,硅油黏度大,故主动板通过硅油带动壳体和风扇一起转动,使风扇转速迅速升高。

3. 电动风扇

电动风扇由电动机、风扇、继电器和温控开关等组成。它由风扇电动机驱动、由蓄电池供电,风扇转速与发动机转速无关。其转速一般分两挡,由温控热敏电阻开关控制。当冷却液流出散热器温度为 92~97℃时,热敏开关接通风扇电动机的 1 挡,风扇转速为 2300r/min。当冷却液温度升到 99~105℃时,热敏开关接通风扇电动机的 2 挡,这时风扇转速为 2800r/min。若冷却液温度降到 92~98℃时,风扇电动机恢复到 1 挡转速。当冷却液降到 84~91℃时,热敏开关切断电源,风扇停转。

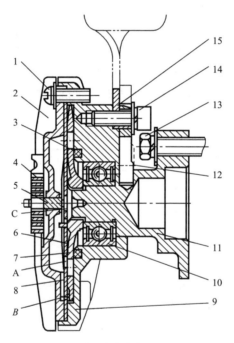

图 5-1-17 硅油风扇离合器(WP10 柴油机)

1-螺钉;2-前盖;3-毛毡密封圈;4-双金属感温器;5-阀片传动销;6-阀片;7-主动板;8-从动板;9-壳体;10-轴承;11-从动轴;12-锁止板;13-螺栓;14-内六角螺钉;15-风扇;A-进油孔;B-回油孔;C-泄油孔

在有些电控系统中,电动风扇由电脑控制,如 WP10、WP12,见图 5-1-18。冷却液温度传感器向电脑传输与冷却液温度有关的信号。当冷却液温度达到规定的值时,电脑使风扇继电器搭铁,继电器触点闭合并向风扇电动机供电,风扇开始工作。

电动风扇的优点是结构简单,布置方便,不消耗发动机功率,使燃油经济性得到改善。此外,由于不需要检查、调整或更换风扇传动带,因而减少了维修维护的工作量。

学习模块5 冷却系统结构与拆装

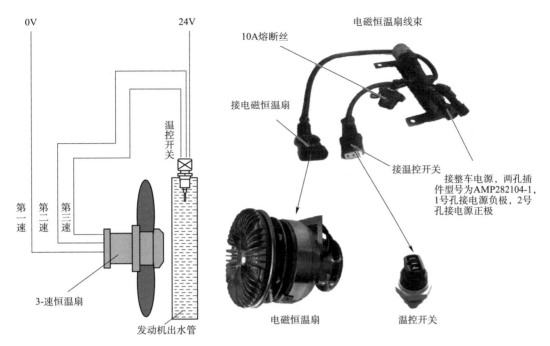

图 5-1-18　WP10 发动机电磁离合风扇原理

任务评价

冷却系统结构与装配评价，见表 5-1-2。

冷却系统结构与装配评价表　　　表 5-1-2

序号	内容及要求	评分	评分标准	自评	组评	师评	得分
1	准备	10	1.进入工位前，穿好工作服，保持穿着整齐(4分)； 2.准备好相关实训材料(记录本、笔)(3分)； 3.检查相关配套实训资料(维修手册、使用说明书等)(3分)				
2	清洁	5	按要求清理工位，保持周边环境清洁				
3	专用设备与工具准备	5	按要求检查设备、工具数量和完好程度等				
4	清理冷却系统各零部件接合面	10	工具使用正确，操作规范，操作流程完整				
5	装出水管部件，加出水管垫片，安装出水管并拧紧出水管螺栓	10	工具使用正确，操作规范，操作流程完整				
6	装水泵，加水泵垫片，装水泵并拧紧水泵螺栓，装水泵水管接头	10	工具使用正确，操作规范，操作流程完整				

续上表

序号	内容及要求	评分	评分标准	自评	组评	师评	得分
7	装张紧轮、减振器及带轮,减振器(带轮)与曲轴的连接螺栓为8-M10。对称拧紧,拧紧力矩60~70N·m	10	工具使用正确,操作规范,操作流程完整				
8	装节温器	10	工具使用正确,操作规范,操作流程完整				
9	装风扇组件,查看风扇、离合器、风扇连接盘、带轮有无裂纹等损伤,依次装带轮、风扇连接盘、风扇离合器、风扇	10	工具使用正确,操作规范,操作流程完整				
10	结论	10	操作过程正确、完整,能够正确回答老师提问				
11	安全文明生产	10	结束后清洁(5分);工量具归位(5分)				

指导教师总体评价：

指导教师＿＿＿＿＿＿＿＿＿＿

＿＿＿＿年＿＿＿月＿＿＿日

练一练

一、单项选择题

1. 车用发动机的冷却系通常都是( )。
   A. 自然循环水冷系　　　　　　　　B. 强制循环水冷系
   C. 强制循环空冷系　　　　　　　　D. 强制循环空冷系

2. 保持发动机正常的工作温度( )。
   A. 85~90℃　　　　　　　　　　　B. 90~95℃
   C. 95~105℃　　　　　　　　　　D. 105~120℃

3. 在发动机冷起动或暖车期间,冷却液的温度较低,这时百叶窗( )。
   A. 全开　　　　B. 全部关闭　　　C. 部分或全部关闭　　D. 不动

4. WP10柴油机水泵为( )。
   A. 柱塞式　　　B. 叶片式　　　　C. 离心式　　　　　　D. 吸力式

5. 大循环时,当柴油机内冷却液温度升高到88℃,主阀门完全( ),旁通阀完全( )。
   A. 开启,关闭　　　　　　　　　　B. 开启,开启
   C. 关闭,关闭　　　　　　　　　　D. 关闭,开启

二、多项选择题

1. 发动机水冷系中的散热器由( )三部分组成。
   A. 进水室　　　　B. 出水室　　　　C. 散热器芯　　　　D. 散热风扇
2. 闭式水冷系优点是：可使系统内的压力提高 98～196kPa，冷却液的沸点提高到 120℃ 左右，从而( )。
   A. 扩大了散热器与周围空气的温差
   B. 降低了散热器与周围空气的温差
   C. 提高了散热器的换热率
   D. 减小了散热器的换热率
3. 不论水冷系中有空气泡或蒸汽泡，都会引起( )。
   A. 传热效果增强　　　　　　　　B. 传热效果降低
   C. 引起金属的腐蚀　　　　　　　D. 气阻
4. 节温器有( )两种。
   A. 硅油式　　　　B. 波纹管式　　　　C. 蜡式　　　　D. 叶轮式
5. 节温器也可以布置在散热器的出水管路中。这种布置方式可以( )。
   A. 减少或消除节温器振荡现象　　　　B. 增加节温器振荡现象
   C. 能精确地控制冷却液的温度　　　　D. 不能精确地控制冷却液的温度

三、判断题

1. 膨胀水箱内的液面有时升高，有时降低，而散热器却总是被冷却液充满。　　( )
2. 散热器盖的作用是打开水冷系并调节系统的工作压力。　　( )
3. 暖风机是一个热交换器，也可称作第二散热器。　　( )
4. 风扇的功用是旋转时吹出空气，使其通过散热器，以增强散热器的散热能力，加速冷却液的冷却。　　( )
5. 一般水冷系的冷却液都是由汽缸盖进，从机体流出。　　( )

四、分析题

1. 指出图 5-1-19 中各部件名称。

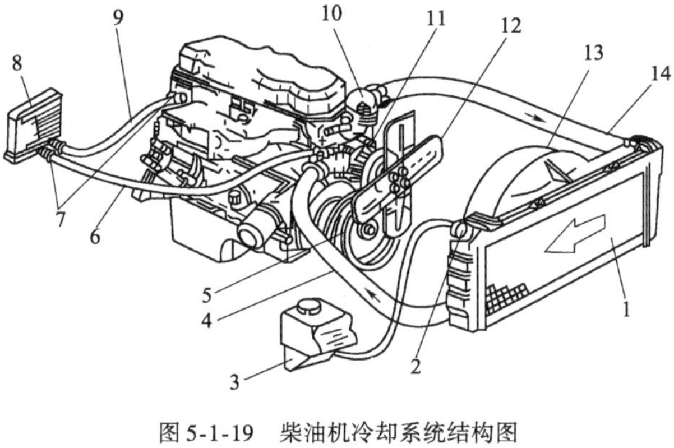

图 5-1-19　柴油机冷却系统结构图

1-_____；2-_____；3-_____；4-_____；5-_____；
6-_____；7-_____；8-_____；9-_____；10-_____；
11-_____；12-_____；13-_____；14-_____。

2. 简述蜡式节温器的工作原理。
3. 简述冷却风扇结构及工作特点。

模块小结

本模块主要讲述冷却系统结构与拆装,主要内容是冷却系统功能和组成、冷却系统循环、冷却系统的组装。通过对本模块的学习,主要掌握散热器、冷却风扇、节温器、水泵、硅油风扇离合器、电动风扇等主要零部件工作条件、结构特点、使用材料、安装要求,冷却液成分、性能要求,冷却系统拆装方法。了解并掌握通用工具和专用工具名称、功能和使用方法。

学习模块6　润滑系统结构与拆装

模块概述

发动机润滑系统将适当黏度的机油引入运动零件的表面,使摩擦副处于液体摩擦状态,以减少摩擦副的摩擦和磨损;在连续不断的机油循环中带走摩擦生成的热量,起到冷却作用;在带走热量的同时还冲走铁屑、铜末等磨损产物和其他异物,避免运动表面的不正常磨损;在活塞与汽缸、液压挺柱等摩擦副和液压偶件的相对运动表面形成的机油膜,可以提高它们的密封性,有利于防止漏气或漏油;在发动机的一些零部件上可以防蚀、防锈。发动机润滑系统在很多地方还是液力传动、硅油风扇离合器的传动介质和液力控制执行器的动力源。

发动机润滑系统是发动机可靠工作、延长使用寿命的保证,也是发动机定期维护的重点。

【建议学时】

8学时。

学习任务6.1　润滑系统结构与拆装

通过本任务的学习,应能:

1. 描述润滑系统的总体组成。
2. 描述润滑系统各零部件的结构特点和工作原理。
3. 使用通用和专用工具装配WP10柴油机润滑系统。

客户反映某重型载货汽车日常维护时发现机油消耗过快,并且打开膨胀水箱发现有大量机油漂浮。到服务站检修,发现机油冷却器裂纹,导致油水混合,需要进行机油冷却器的更换。

任务准备

1. 润滑方式分类

由于发动机传动件的工作条件不同,因此,对负荷及运动速度不同的传动件采用不同的润滑方式。

(1)压力润滑:压力润滑是以一定的压力把机油供入摩擦表面的润滑方式。这种方式主要用于主轴承、连杆轴承和凸轮轴承等负荷较大的摩擦表面的润滑。

(2)飞溅润滑:利用发动机工作时运动件溅起来的油滴或油雾润滑摩擦表面的润滑方式,称为飞溅润滑。该方式主要用来润滑负荷较小的汽缸壁面和配气机构的凸轮、挺柱、气门杆以及摇臂等零件的工作表面。

(3)润滑脂润滑:通过润滑脂加注口定期加注润滑脂来润滑零件的工作表面,如水泵及发电机轴承等。

2. 润滑系统的总体组成

润滑系统由以下几部分组成:

(1)机油泵:建立油压的装置。

(2)油底壳、油道及油管:机油储存、输送等装置。

(3)集滤器、机油滤清器等:机油滤清装置。

(4)机油散热器:机油冷却装置。

(5)旁通阀和限压阀:安全及限压装置。

(6)润滑系工作指示装置:油温表、油压表、油压指示灯及油压报警蜂鸣器等。

3. 典型润滑油路

1)WP10 柴油机润滑系统油路

图 6-1-1 所示为 WP10 柴油机润滑系统油路。机油泵通过集滤器将机油从油底壳中吸入,压向机油滤清器和机油冷却器,再进入主油道,其中绝大部分机油进入主轴承并由此通过曲轴上的油孔到达连杆轴承。汽缸套表面和活塞销是由喷嘴喷油实现润滑的。摇臂轴、增压器、高压油泵、空压机和中间齿轮同样是通过油管和油槽实现压力润滑的。活塞底部通过喷嘴喷油冷却。

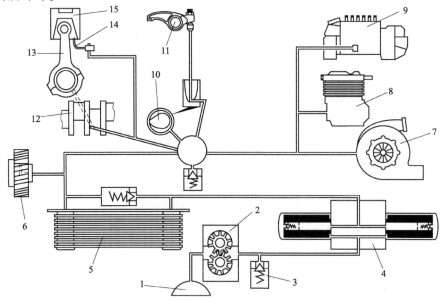

图 6-1-1 WP10 柴油机润滑系统油路

1-集滤器;2-机油泵;3-限压阀;4-机油滤清器;5-机油冷却器;6-正时齿轮;7-增压器;8-空气压缩机;9-喷油泵;10-凸轮轴;11-摇臂轴;12-曲轴;13-连杆;14-喷嘴;15-活塞

2）双机油泵柴油机润滑系统油路

如图6-1-2所示，主油泵6首先将机油泵入漩涡式机油粗滤器10中，经粗滤器的机油分为两路：一路是少量机油及被粗滤器分离出来的杂质进入机油细滤器11，经过滤后流回油底壳；另一路是经过粗滤后的清洁机油经散热器13冷却后进入主油道2。机油由主油道再分成四路到各部分润滑：一路分别进入各主轴承、连杆轴承和凸轮轴承；一路经冷却活塞喷嘴16喷向活塞顶内腔，冷却活塞，并润滑活塞销及连杆衬套、活塞与汽缸壁；一路经汽缸体上的垂直油道输送到汽缸盖上部的摇臂轴中空油道，润滑配气机构各零件；一路经喷油口14喷出，润滑正时齿轮，油路中并联有限压阀7、恒温阀9和调压阀8。为了保证润滑的可靠性，该油路设有辅泵4。

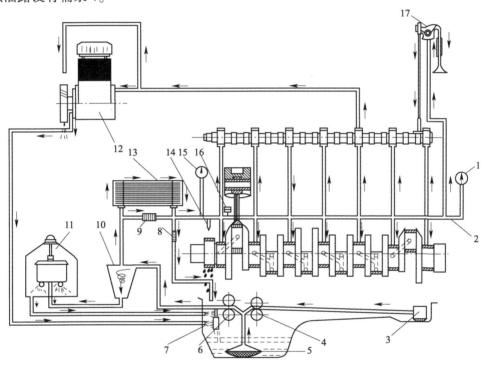

图6-1-2　双机油泵柴油机润滑系统油路

1-油温表；2-主油道；3-辅泵集滤器；4-辅泵；5-主泵集滤器；6-主油泵；7-限压阀；8-调压阀；9-恒温阀；10-机油粗滤器；11-机油细滤器；12-空气压缩机；13-机油散热器；14-齿轮室喷油口；15-油压表；16-冷却活塞喷嘴；17-摇臂

4．润滑系统的主要部件

润滑系统的主要部件有机油泵、机油滤清器、机油散热器（机油冷却器）和各种阀门等。

1）机油泵

机油泵是润滑系统中机油压力和流量的动力源。它保证发动机润滑所需的机油压力和流量。按机油泵的结构形式有齿轮式、转子式、叶片式和柱塞式，如图6-1-3所示。常用的有齿轮式和转子式。齿轮机油泵又分为内齿轮式和外齿轮式。

（1）外齿轮式机油泵。

外齿轮式机油泵，如图6-1-4所示。它由装在油泵壳体4内的两个齿轮和模数相同的主动齿轮5和从动齿轮16、进出油腔17和19、限压阀等组成。齿轮与壳体的顶间隙、端面间隙

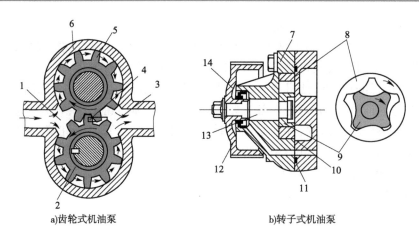

图 6-1-3 机油泵的类型

1-进油腔；2-机油泵主动齿轮；3-出油腔；4-卸压槽；5-机油泵从动齿轮；6-机油泵体；7-机油泵泵体；8-外转子；9-内转子；10-机油泵盖；11-密封圈；12-传动带轮；13-机油泵轴；14-油封

很小(一般 1/20～1/10mm)，以减少机油漏损，提高机油泵的容积效率。

工作时，主动齿轮 5 带动从动齿轮，两者转向相反。在进油腔 17 内形成负压，油底壳内的机油经集滤器吸入。随着齿轮的转动，进入进油腔的机油通过齿间和壳体间的空腔不断输送到出油腔，将机油泵的机械能变为机油的压力能(图 6-1-4b)。为释放两齿轮在啮合处闭死区 B'(图 6-1-4c)内不可压缩的机油的高压，避免轴承的过大载荷和无谓的功率消耗，在进、出油腔间开一卸压槽 18，使这部分油能回到进油腔，以消除闭死区的高压机油。

外齿轮式机油泵与传递转矩的一对齿轮不同之处在于，前者不能同时有两对齿啮合；为了增大齿槽间的间隙，减少齿数，增大机油的输送量，对前者齿形还作了修正，允许根切。

根据车辆的特点与要求，外齿式机油泵可以是一组、两组或三组。小轿车常使用一对齿轮。载货汽车由于在崎岖不平道路行驶，常用一组供油泵一组回油泵(如 WP10 柴油机)并配上专门的油底壳。当汽车爬坡时，油底壳内的机油流到后部，这时靠回油泵将油底壳后部的油抽回前部，保证供油泵可靠工作。为保证回油泵在汽车爬坡时能立即投入工作，将流到油底壳后部的机油立即抽回。平时在供油泵的出口与回油泵的进口有一个小管相连，使少量的机油在回油泵内工作，抑制空气进入回油泵，使回油泵随时可以投入工作并可以得到润滑。

对于特种车辆的发动机，为降低发动机高度，常采用小油底壳的干式曲轴箱，并采用三组齿轮式机油泵。两组为回油泵，分别将流入油底壳前、后油池内的机油抽回到单独设置在车辆上的油箱内。另一组供油泵则将油箱内的机油抽出，压送到润滑油道内。外齿轮式机油泵结构简单、加工方便、工作可靠，能产生高压。

（2）内齿轮式机油泵。

内齿轮式机油泵，其工作原理与外齿轮式机油泵相同。内齿轮式机油泵的结构，如图 6-1-5 所示。其外齿轮是主动齿轮，套在曲轴前端，通过花键由曲轴直接驱动。内齿轮是从动齿轮，装在机油泵内，泵体固定在机体前端。

因为内齿轮机油泵由曲轴直接驱动，无需中间传动机构，所以零件数量少、制造成本低、占用空间小、使用范围广。但是，这种机油泵在内、外齿轮之间有一处无用的空间，使内齿轮

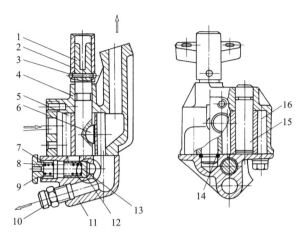

a) 机油泵

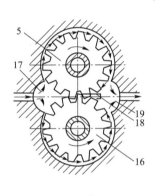

b) 机油泵工作原理

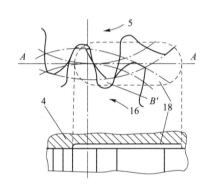

c) 油泵壳体上的卸压槽

图 6-1-4 外齿轮式机油泵

1-主动轴；2-联轴套；3-半圆头铆钉；4-油泵壳体；5-主动齿轮；6-半圆键；7-调正垫片；8-限压阀弹簧；9-螺塞；10-管接头；11-油泵盖；12-径向环槽；13-柱塞阀；14-钢丝挡圈；15-从动轴；16-从动齿轮；17-进油腔；18-卸压槽；19-出油腔

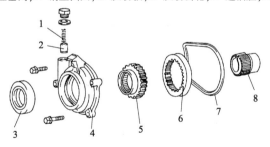

图 6-1-5 内齿轮式机油泵

1-安全阀弹簧；2-安全阀柱塞；3-曲轴前油封；4-机油泵体；5-主动外齿轮；6-从动内齿轮；7-O形密封圈；8-花键套

机油泵的效率降低。另外，如果曲轴前端轴颈太粗，机油泵外形尺寸随之增大，发动机驱动油泵的功率损失也相应有所增加。

（3）转子式机油泵。

转子式机油泵主要由内、外转子，机油泵体及机油泵盖等零件组成，如图6-1-6所示。内转子固定在机油泵传动轴上，外转子自由地安装在泵体内，并与内转子啮合转动。内、外转子之间有一定的偏心距。一般转子式机油泵的内转子有四个或四个以上的凸齿,外转子的凹齿数比内转子的凸齿数多一个。转子的外廓形状曲线为次摆线。

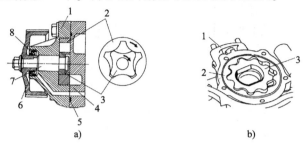

图 6-1-6 转子式机油泵
1-机油泵体;2-外转子;3-内转子;4-机油泵盖;5-密封圈;6-传动带轮;7-机油泵轴;8-油封

转子式机油泵的工作原理,如图 6-1-7 所示。当机油泵工作时,主动轴带动内转子旋转,内转子则带动外转子朝同一方向转动。由于内、外转子工作面的轮廓是一对共轭线,因此可以保证两个转子相互啮合时既不干涉也不脱离。内、外转子间的接触点将外转子的内腔分成四个工作腔。当某一工作腔转过进油口时,容积增大,产生真空,机油经进油口被吸入工作腔内。当该工作腔转过出油口时,容积减小,油压升高,机油经出油口被压出。

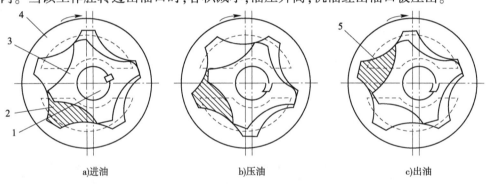

图 6-1-7 转子式机油泵工作原理
1-机油泵传动轴;2-进油口;3-内转子;4-外转子;5-出油口

转子式机油泵的优点是结构紧凑、供油量大、供油均匀、噪声小、吸油真空度高。因此,当机油泵安装在曲轴箱外或安装位置较高时,采用转子式机油泵比较合适。其缺点是内、外转子啮合表面的滑动阻力比齿轮泵大,所以功率消耗大。

(4) 安全阀。

机油泵必须在发动机各种转速下都能供给足够的机油,以维持足够的润滑压力,保证发动机的润滑。机油泵的供油量与其转速有关,而机油泵的转速又与发动机的转速成正比。因此,在设计机油泵时,都是使其在低速时有足够大的供油量。但是,在高速时机油的供油量明显偏大,机油压力也显著偏高。另外,在发动机冷起动时,机油黏度大、流动性差,润滑压力也会大幅度升高。为防止油压过高,在润滑油路中设置安全阀或限压阀。一般安全阀装在机油泵或机体主油道上。当安全阀安装在机油泵上时,如果油压达到规定值,安全阀开启,多余的机油返回机油泵进口。如果安全阀装在主油道上,则当油压达到规定值时,多余的机油经过安全阀流回油底壳。

2) 机油滤清器

机油滤清器有全流式和分流式之分。全流式滤清器串联于机油泵和主油道之间，所以能滤清进入主油道的全部机油。分流式滤清器与主油道并联，仅过滤机油泵送出的部分机油。目前，分流式滤清器在轿车上很少使用，在货车特别是载货汽车发动机上一般采用粗、细两级滤清器。其中一个为分流式滤清器做细滤用，另一个为粗滤器。粗滤器滤除机油中直径为 0.05mm 以上的较大粒度的杂质，而细滤器则用来滤除直径为 0.001mm 以上的细小杂质。经过粗滤器的机油进入主油道，经过细滤器的机油直接返回油底壳。

现代汽车发动机所采用的全流式滤清器的构造，如图 6-1-8 所示。纸滤芯 6 装在滤清器外壳 5 内，滤清器出油口 1 是螺纹孔，借此螺纹孔把滤清器安装在机体上的螺纹接头上，螺纹接头与机体主油道相通。在机体安装平面与滤清器之间用密封圈 4 密封。机油从纸滤芯的外围进入滤清器中心，然后经出油口流进机体主油道，机油流过滤芯时，杂质被截留在滤芯上。

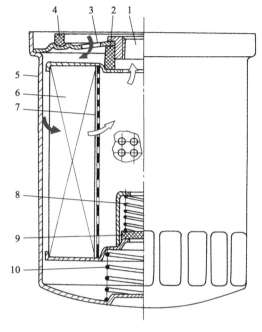

图 6-1-8 全流式机油滤清器
1-出油口；2、4-密封圈；3-进油口；5-滤清器外壳；6-纸滤芯；7-滤芯衬网；8-旁通阀弹簧；9-旁通阀片；10-弹簧

如果滤清器使用时间达到了更换周期，就把整个滤清器拆下扔掉，换上新滤清器。如果滤清器在使用期内滤芯被杂质严重堵塞，机油不能通过滤芯，则滤清器进油口油压升高。当油压达到规定值时，滤清器中的旁通阀片 9 开启，机油不通过滤芯经旁通阀直接进入机体主油道。虽然这时机油未经滤清器便输送到各润滑表面，但是这要比发动机断油不能润滑为好。

有些发动机的机油滤清器除设置旁通阀之外，还加装止回阀。当发动机停机后，止回阀将滤清器的进油口关闭，防止机油从滤清器流回油底壳。在这种情况下，当重新起动发动机时，润滑系统能迅速建立起油压，从而可以减轻由于起动时供油不足引起的零件磨损。

机油滤清器的滤芯有褶纸滤芯和纤维滤清材料滤芯等。褶纸滤芯由微孔滤纸制造，微孔滤纸经酚醛树脂处理后，具有较高的强度、抗腐蚀性和抗水湿性。褶纸滤芯有质量小、体积小、结构简单、滤清效果好、阻力小和成本低等优点，因此得到了广泛应用。

3) 集滤器

集滤器一般为滤网式，装在机油泵之前。目前，汽车发动机所用的集滤器分为浮子式和固定式两种。浮子式集滤器，如图 6-1-9 所示。由浮子 3、滤网 2、浮子罩 1 及吸油管 4 等组成。空心的浮子不论油底壳内的液面如何波动，始终浮在机油表面上，以保证机油泵从含杂质较少的上层油面吸入机油。滤网有弹性，中央有环口，在一般情况下借助滤网的弹性，环口压紧在浮子罩上。浮子罩的边缘有缺口，当浮子罩与浮子装合后形成进油狭缝。

当机油泵工作时，机油从油底壳经进油狭缝、滤网、吸油管进入机油泵。机油流过滤网时,其中粗大的杂质被滤除。当滤网被杂质堵塞后,滤网上方的真空度增大,于是克服滤网的弹力,使滤网上升,环口离开浮子罩,这时机油经进油狭缝和环口进入吸油管和机油泵,以保证机油的供给不致中断。

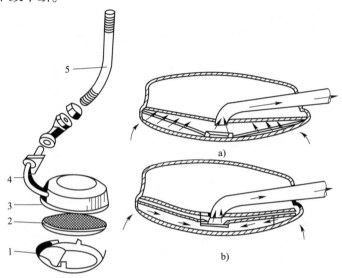

图6-1-9 浮子式集滤器结构及工作原理
1-浮子罩;2-滤网;3-浮子;4-吸油管;5-固定油管

固定式集滤器与浮子式集滤器相比,虽然吸入机油的清洁度稍差,但结构简单,并可防止液面上的泡沫被吸入润滑系统,所以应用广泛。

4)机油冷却器

在高性能、大功率的强化发动机上,由于热负荷大,必须装设机油冷却器。机油冷却器布置在润滑油路中,其工作原理与散热器相同。

发动机机油冷却器分为风冷式和水冷式两类。风冷式机油冷却器是利用汽车行驶时的迎面风对机油进行冷却。这种机油冷却器散热能力大,多用于赛车和热负荷大的增压汽车上。但风冷式机油冷却器在发动机起动后需要很长的暖机时间,才能使机油达到正常的工作温度,所以轿车上很少使用。

水冷式机油冷却器外形尺寸小,布置方便,不会使机油冷却过度,机油温度稳定,所以轿车上应用广泛。如图6-1-10所示为布置在机油滤清器上的水冷式机油冷却器。机油经滤清器滤清之后直接进入冷却器,在冷却器芯内流动,从散热器出水管引来的冷却液在冷却器芯外流过。两种液体在冷却器内进行热交换,使高温机油得以冷却降温。图6-1-11 WP10柴油机机油冷却器芯,所采用的冷却器为板翅式,机油从滤清器流出后进入机油冷却器,通过冷却液散热,具有较好的冷却效果。

5)曲轴箱通风

发动机工作时,有一部分可燃混合气和废气经活塞环漏到曲轴箱内。漏到曲轴箱内的汽油蒸气凝结后将使机油稀释,导致其性能变差。废气内含有蒸汽和二氧化硫。蒸汽凝结在机油中形成泡沫,破坏机油的供给,这种现象在冬天尤为严重。二氧化硫遇水生成亚硫酸,亚硫酸遇到空气中的氧生成硫酸。这些酸性物质出现在润滑系统中,即使少量,也会使零件受到腐蚀。此外,由于混合气和废气进入曲轴箱,使曲轴箱内的压力增大,机油将从油封、衬垫等处渗出而流失。

为了延长机油的使用寿命,减少摩擦零件的磨损和腐蚀,防止发动机漏油,必须使发动机曲轴箱保持通风,将混合气和废气从曲轴箱内排出。

曲轴箱内排出的气体可以直接流入大气中去,这种通风方式称为自然通风。也可导入发动机的进气管,这种通风方式称为强制通风。目前,汽车发动机曲轴箱一般采用强制通风。这样可以将窜入曲轴箱内的混合气回收使用,有利于提高发动机的经济性。

柴油机的自然通风通常是利用机油加入口和加油管作为曲轴箱的通风装置。加油管装在曲轴箱侧面或气门室罩上方,机油加入口处装有滤清材料,防止外界尘土倒流入曲轴箱,污染机油。

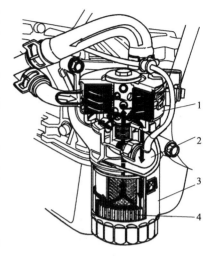

图 6-1-10　水冷式机油冷却器
1-机油冷却器;2-机油压力开关;3-机油滤清器;4-机油滤清器滤芯

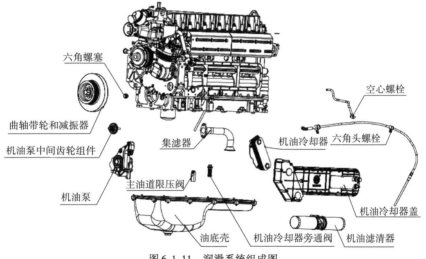

图 6-1-11　润滑系统组成图

任务实施

1. 技术标准与要求
(1)试验场地须清洁、安全。
(2)严格按操作规范进行操作。如要求使用专用工具,则必须满足此项要求。
(3)以 4~6 人为一个试验小组,能在 4h 内完成此项目。

2. 设备器材
(1)WP10 柴油机。
(2)常用、专用工具。
(3)柴油机翻转架、零件架。

(4)机油、润滑脂、棉纱等辅料。

3. 操作步骤

(1)清理润滑系统各零部件接合面,用风管吹通各油道。WP10 柴油机润滑系统组成,如图 6-1-11 所示。

(2)机油泵装配,装前检查机油泵齿轮轴向间隙、转动是否卡滞以及是否有吸气现象。安装机油泵垫片,取少量锂基脂将机油泵垫片粘在机油泵出油口上,如图 6-1-12 所示。装机油泵,用定位销将机油泵固定在机体上,并拧紧螺栓,拧紧力矩为 44~58N·m。

(3)装机油滤清器座及机油滤清器(图 6-1-13),安装波形弹性垫片和螺栓。

 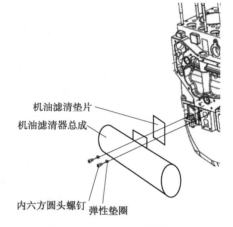

图 6-1-12 装机油泵垫片　　　　　图 6-1-13 机油滤清器装配图

(4)安装密封圈和机油冷却器并拧紧螺栓,如图 6-1-14 所示。

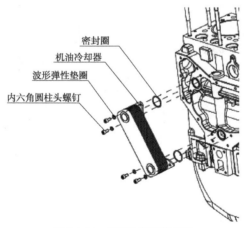

图 6-1-14 机油冷却器装配图

(5)装机油冷却器盖,清理机油冷却器盖和机身接合面,安装机油冷却器盖垫片,安装机油冷却器盖螺栓,并拧紧,如图 6-1-15 所示。

(6)装主油道限压阀,在主油道限压阀的螺纹处涂密封胶,安装主油道限压阀,并拧紧,如图 6-1-16 所示。

(7)装机油冷却器旁通阀,依次安装安全阀、安全阀弹簧和复合垫圈,安装六角螺塞,并拧紧,如图 6-1-17 所示。

学习模块6　润滑系统结构与拆装

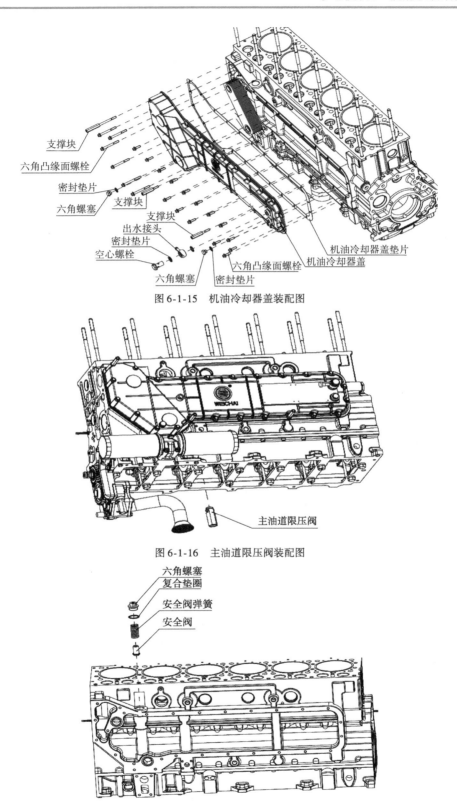

图 6-1-15　机油冷却器盖装配图

图 6-1-16　主油道限压阀装配图

图 6-1-17　机油冷却器旁通阀装配图

(8)装集滤器,安装垫片和集滤器,安装六角头螺栓并拧紧,如图6-1-18所示。

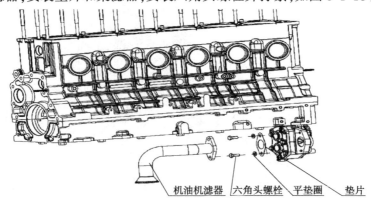

图 6-1-18 集滤器装配图

1. 润滑剂的功用与性能

汽车发动机的润滑剂有润滑油(机油)和润滑脂(黄油)两类。

1)机油的功用

在润滑系统中的机油具有润滑、冷却、清洁、密封、防腐等多种功能。

2)机油的品质和使用特性

机油的品质一般从黏度、凝固点、腐蚀度、酸值、闪点、热氧化安定性等方面来评定。

(1)黏度

黏度是机油的基本品质和重要指标,它可分动力黏度、运动黏度和相对黏度。发动机用的机油黏度常用运动黏度表示,它反映了机油质点彼此相对运动时内部摩擦力的大小。

机油的黏度随温度升高而急剧下降。为此,常用机油在323K与373K时的运动黏度比来衡量机油的黏度性能。其比值为黏度比,一般为5~8。

机油黏度大,附着于金属面的油膜愈厚,承载能力愈高,也就愈容易保持良好的液体润滑。但同时使摩擦阻力、摩擦功增大,有效功减小,不利于发动机冷起动。机油黏度大,还会使传热和冷却作用变差。机油黏度小,在重载下轴承和摩擦副内不易形成油膜,使运动零件损伤。所以,在冬、夏季或地区温差变化大时选用不同黏度的机油。

(2)凝固点

在一定的试验条件下,将机油冷却到开始失去流动性时的温度称为凝固点。凝固点随机油牌号的不同而不同,在268~223K。凝固点高的机油,容易失去流动性而破坏润滑系统的正常工作。高温地区选用凝固点高的机油。低温地区则选用低凝固点的机油。一般黏度高的机油,其凝固点也高。

(3)腐蚀度

腐蚀度是机油对金属表面腐蚀作用强弱的性能指标。通常用铅片在413K温度下受机油和空气间断作用时间为10h所引起的质量损失(g/m^2)来表示。

(4)酸值

酸值是指中和1g机油中的有机酸,所需氢氧化钾的毫克数。有机酸对金属表面有强烈的腐蚀,在使用中易于变质。所以酸值要小。

(5)闪点

闪点是指在一定的试验条件下,将机油蒸发,使其与周围空气形成油气混合气,当它与火焰接触而开始燃烧时的最低温度。闪点表明机油储存、运输和使用的安全性指标,闪点低的机油容易蒸发变质,保管运输时危险性较大。

(6)热氧化安定性

热氧化安定性是指在高温下,机油抗氧化的能力。机油的热氧化安定性愈高,机油的使用寿命愈长,机油的消耗也愈少。

2. 机油的分类与选用

1)机油的分类

国际上广泛采用美国 SAE 黏度分类法和 API 使用分类法,而且它们已被国际标准化组织(ISO)确认。

美国工程师学会 SAE 按照机油的黏度等级,把机油分为冬季用机油和非冬季用机油。冬季用机油有 6 种牌号:SAE0W、SAE5W、SAE10W、SAE15W、SAE20W、SAE25W。非冬季用油有 4 种牌号:SAE20、SAE30、SAE40、SAE50。号数较大的机油黏度较大,适于在较高的温度下使用。以上牌号的机油只有单一的黏度等级,当使用这种机油时,驾驶员需根据季节和温度的变化随时更换机油。目前使用的机油大多数具有多黏度等级,其牌号有 SAE5W-20、SAE10W-30、SAE15W-40、SAE20W-40 等。例如,SAE10W-30 在低温使用时,其黏度与 SAE10W 一样,而在高温下,其黏度又与 SAE30 相同。因此,该种机油可以冬夏季通用。如 15W/40 表示在 -10~40℃ 的环境温度内使用,如图 6-1-19 所示。

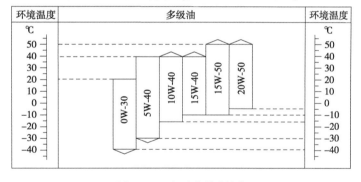

图 6-1-19 机油牌号选择表

API 使用分类是美国石油学会根据机油的性能及最适合的使用场合,把机油分为 S 系列和 C 系列两类。S 系列为汽油机机油,C 系列为柴油机机油,在 S 和 C 后面的字母表示为油品的等级,有 A、B、C、D、E、F、H、J、K、L、M,级号越靠后,使用性能越好,适用的机型越新或强化程度越高。其中,SA、SB、SC 和 CA 等级别的机油,除非汽车制造厂特别推荐,否则已不在使用。

注意:WP10 系列国Ⅳ柴油机均不允许使用 CE、CD、CC、CB、CA 级机油。每次换机油时同时更换机油滤芯。

2)合成机油

合成机油是利用化学合成方法制成的机剂。其主要特点是有良好的黏度—温度特性,可以满足大温差的使用要求;有优良的热氧化安定性,可以长期使用不需更换。使用合成机油,发动机的燃油经济性会稍有改善,并可降低发动机的冷起动转速。但合成机油的价格比从石油提炼出来的机油贵。随着生产规模的扩大和制造工艺的改进,合成机油的价格会越来越便宜。

3)润滑脂

润滑脂是将稠化剂掺入液体润滑剂中所制成的一种稳定的固体或半固体产品。润滑脂具有良好的黏附性,在常温下可附着于垂直表面而不流淌,并能在敞开或密封不良的摩擦部位工作,具有其他润滑剂所不能代替的特点。因此,在汽车的许多部位都使用润滑脂润滑。

当前,进口汽车和国产新车普遍推荐使用汽车通用锂基润滑脂。这种润滑脂具有良好的抗水性和防锈性,可用于潮湿和与水接触的摩擦部位;具有良好的安定性和润滑性,在高速运转的机械部位使用,不变质、不流失,保证润滑。与使用钙基或复合钙基润滑脂比较,通用锂基润滑脂可以延长换油期 2 倍,使润滑和维护费下降 40% 以上。

任务评价

润滑系统结构与评价见表 6-1-1。

润滑系统结构与检修评价表 表 6-1-1

序号	内容及要求	评分	评分标准	自评	组评	师评	得分
1	准备	10	1. 进入工位前,穿好工作服,保持穿着整齐(4分); 2. 准备好相关实训材料(记录本、笔)(3分); 3. 检查相关配套实训资料(维修手册、使用说明书等)(3分)				
2	清洁	5	按要求清理工位,保持周边环境清洁				
3	专用设备与工具准备	5	按要求检查设备、工具数量和完好程度等				
4	清理润滑系统各零部件接合面,用风管吹通各油道	6	工具使用正确,操作规范,操作流程完整				
5	机油泵装配,用定位销将机油泵固定在机体上,并拧紧螺栓,拧紧力矩为 44~58N·m	6	工具使用正确,操作规范,操作流程完整				
6	装机油滤清器座及机油滤清器	8	工具使用正确,操作规范,操作流程完整				
7	安装密封圈和机油冷却器并拧紧螺栓	8	工具使用正确,操作规范,操作流程完整				
8	安装机油冷却器盖垫片,安装机油冷却器盖螺栓,并拧紧	8	工具使用正确,操作规范,操作流程完整				

续上表

序号	内容及要求	评分	评 分 标 准	自评	组评	师评	得分
9	在主油道限压阀的螺纹处涂密封胶,安装主油道限压阀	8	工具使用正确,操作规范,操作流程完整				
10	装机油冷却器旁通阀	8	工具使用正确,操作规范,操作流程完整				
11	安装垫片和集滤器,安装六角头螺栓并拧紧	8	工具使用正确,操作规范,操作流程完整				
12	结论	10	操作过程正确、完整,能够正确回答老师提问				
13	安全文明生产	10	结束后清洁(5分); 工量具归位(5分)				

指导教师总体评价：

指导教师_____
____年___月___日

练一练

一、单项选择题

1. 滑润系工作指示装置有:油温表、油压表、(　　)及油压报警蜂鸣器等。
   A. 油量表　　　　B. 油压指示灯　　　C. 机油压力传感器　D. 安全阀

2. 机油泵通过集滤器将机油从油底壳中吸入,压向机油滤清器和机油冷却器,再进入(　　)。
   A. 安全阀　　　　B. 副油道　　　　　C. 主油道　　　　　D. 曲轴与轴承间隙

3. 曲轴箱内排出的气体可以直接流入大气中去,这种通风方式称为(　　)。
   A. 强制通风　　　　　　　　　　　B. 自然通风
   C. 吸入式通风　　　　　　　　　　D. 吹送式通风

4. 全流式滤清器(　　)于机油泵和主油道之间,所以能滤清进入主油道的全部机油。
   A. 串联　　　　　B. 并联　　　　　　C. 混联　　　　　　D. 独立

5. 机油的黏度随温度升高而急剧(　　)。
   A. 上升　　　　　B. 下降　　　　　　C. 不变　　　　　　D. 不确定

二、多项选择题

1. 对负荷及运动速度不同的传动件采用不同的润滑方式(　　)三种。
   A. 压力润滑　　　B. 飞溅润滑　　　　C. 石墨润滑　　　　D. 润滑剂润滑

2. 压力润滑主要用于(　　)等负荷较大的摩擦表面的润滑。
   A. 主轴承　　　　B. 连杆轴承　　　　C. 汽缸壁　　　　　D. 凸轮轴承

3. 飞溅润滑主要用来润滑负荷较小的汽缸壁面和配气机构的(　　)等零件的工作表面。

A. 凸轮　　　　　　　　　　　　B. 气门杆以及摇臂
　　C. 挺柱　　　　　　　　　　　　D. 水泵

4. 润滑脂润滑：通过润滑脂加注口定期加注润滑脂来润滑零件的工作表面，如（　　）等。

　　A. 水泵　　　　B. 气门导管　　　C. 正时齿轮　　　D. 发电机轴承

5. 齿轮与壳体的顶间隙、端面间隙很小（一般1/20～1/10mm），以（　　）。

　　A. 减少机油漏损　　　　　　　　B. 减小齿轮振荡现象
　　C. 提高机油泵的容积效率　　　　D. 减轻磨损

三、判断题

1. 现代汽车发动机所采用的是分流式滤清器。　　　　　　　　　　（　　）
2. 目前，汽车发动机曲轴箱一般都是采用自然通风。　　　　　　　（　　）
3. 机油黏度大，附着于金属面的油膜愈厚，承载能力愈高，就愈容易于保持良好的液体润滑。　　　　　　　　　　　　　　　　　　　　　　　　　　　　　（　　）
4. API使用分类是美国石油学会根据机油的性能及最适合的使用场合，把机油分为S系列和C系列两类。　　　　　　　　　　　　　　　　　　　　　　　　（　　）
5. 15W/40CF-4可在环境温度为-25℃以上时使用，5W/40CF-4可在环境温度为-25℃以下时使用。　　　　　　　　　　　　　　　　　　　　　　　　（　　）

四、分析题

1. 指出图6-1-20中各部件名称。

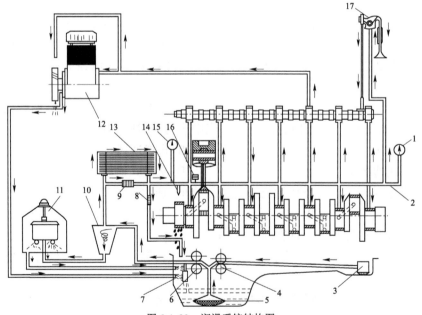

图6-1-20　润滑系统结构图

1-_____；2-_____；3-_____；4-_____；5-_____；
6-_____；7-_____；8-_____；9-_____；10-_____；
11-_____；12-_____；13-_____；14-_____；15-_____；
16-_____；17-_____。

2. 简述外啮合式齿轮泵结构特点及工作原理。
3. 简述机油的两种标准。

模块小结

本模块主要讲述润滑系统结构与拆装,主要内容是润滑系统功能和组成,润滑方式,WP10柴油机润滑系统油路,双机油泵柴油机的润滑油路,润滑系统的组装。通过对本模块的学习,主要掌握机油泵、机油滤清器、机油散热器(机油冷却器)和各种阀门等主要零部件工作条件、结构特点、使用材料、安装要求,机油的功用、品质和使用特性,润滑剂评价指标:黏度、凝固点、腐蚀度、酸值、闪点,润滑系统拆装方法和注意事项。了解并掌握通用工具和专用工具名称、功能和使用方法。

学习模块 7　后处理系统结构与拆装

模块概述

随着人们对环境保护意识的不断加强,国家相关的法规也愈来愈严格,从国Ⅳ开始,单纯从发动机方面入手已经很难经济有效地达到法规要求,所以需要增加后处理系统。选择性催化还原(Selective Catalytic Reduction,SCR)是我国应用最广泛的柴油机技术。应用 SCR 技术可以达到我国现行的国Ⅳ、国Ⅴ、京Ⅳ及京Ⅴ法规要求。SCR 技术通过向排气中喷射尿素,尿素高温分解产生 NH_3,NH_3 可与废气中有害气体 NO_x 发生反应,产生无害的 N_2,从而达到净化发动机尾气的效果。

【建议学时】

12 学时。

学习任务7.1　后处理系统结构与拆装

任务目标

通过本任务的学习,应能:
1. 描述后处理系统的总体组成。
2. 描述后处理系统各零部件的结构特点和工作原理。
3. 使用通用和专用工具装配 WP10 柴油机后处理系统。

任务导入

客户反映某重型载货汽车行驶中出现动力不足,发动机 MIL 故障指示灯点亮。到服务站检修,连接诊断仪发现故障代码"发动机氮氧排放超 $7g/(kW·h)$",发动机尾气排放超标导致立即限制转矩输出,动力不足。进一步检查,发现由于尿素品质差导致尿素喷嘴磨损加剧,大量白色尿素晶体存在于 SCR 箱及排气管中,以致氮氧转化效率低,排放超标。现需要进行后处理系统清洗与尿素喷嘴等零部件更换。

任务准备

1. 实现国Ⅳ排放的技术路线

实现国Ⅳ排放的技术主要有两条:高压共轨喷射 + SCR、高压共轨喷射 + EGR + DPF(或 POC)。SCR 利用尿素溶液与尾气中的 NO_x 混合、反应,还原成无毒的氮气,从而达到降低

NO$_x$ 排放浓度的目的。废气再循环 EGR、颗粒补集器 DPF(POC),用于降低尾气中颗粒浓度,两种技术对比如表 7-1-1 所述。

国Ⅳ柴油机技术对比　　　　　　　表 7-1-1

SCR	EGR + DPF
国Ⅲ、Ⅳ、Ⅴ可以采用相同的发动机平台	发动机本体变化较大,需要较大的中冷器空间
催化剂对燃油硫含量不敏感	过滤体对燃油硫含量比较敏感
油耗比国Ⅲ机型可下降5% ~7%	油耗比国Ⅲ机型略有升高
需要控制氨泄漏,以防造成二次污染	DPF 为防止堵塞需要再生
需要尿素加注站等基础建设	不需要基础建设
需要解决低温下尿素结晶问题	

潍柴国Ⅳ发动机最终采用"高压共轨喷射 + SCR"技术路线,特点如下:
(1)沿用潍柴欧Ⅲ电控发动机平台,发动机本体改动较少。
(2)采用博世公司 SCR 排气后处理系统。
(3)在服务人员具备国Ⅲ电控发动机维修基础上,大大降低了国Ⅳ发动机的维修难度。

2. SCR 系统工作原理

SCR 系统可分为三部分:喷射尿素的尿素喷射系统、起催化消声作用的 SCR 催化箱总成以及传感器等零部件。目前,喷射系统主要采用博世 DeNOx2.2 系统。

博世 DeNOx2.2 系统是一种成熟稳定的尿素喷射系统,如图 7-1-1 所示,主要包括:尿素供给单元(尿素泵)、尿素喷射单元(尿素喷嘴)、尿素箱、尿素管路及喷射控制单元(DCU)。博世 DeNOx2.2 系统没有单独的 DCU,其 DCU 的功能都集成在的 ECU 里。

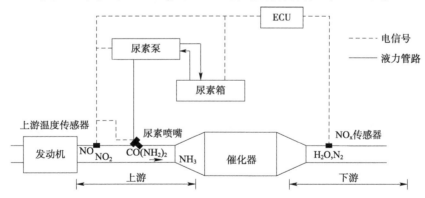

图 7-1-1　SCR 系统工作原理图

发动机起动后,传感器采集发动机信号,ECU 根据这些信号计算尿素的喷射量,控制尿素喷嘴开度,实现尿素喷射量的精确控制。

尿素水溶液经尿素吸液管由尿素箱吸入尿素泵,继而泵入尿素喷嘴。当系统压力达到预定值并且有喷射请求后,尿素喷嘴阀门开启,尿素水溶液以雾化形喷入排气管内,尿素受热分解出氨气,进而在催化剂作用下加速将 NO$_x$ 还原。

尿素水解为氨气(尿素喷射系统):

$$(NH_2)_2CO + H_2O \rightarrow 2NH_3 + CO_2 \quad \text{(要求温度200℃以上)}$$

SCR 后处理反应（SCR 催化转化器）：
$$NO + NO_2 + 2NH_3 \rightarrow 2N_2 + 3H_2O$$
$$4NO + O_2 + 4NH_3 \rightarrow 4N_2 + 6H_2O$$
$$2NO_2 + O_2 + 4NH_3 \rightarrow 3N_2 + 6H_2O$$

3. SCR 系统工作过程

1）初步建压

点火开关打开后，当尿素建压条件达到时（系统无故障且前排温传感器测量值大于 180℃，发动机转速大于 550r/min），SCR 系统开始建立压力：吸液→填充→压力建立（目标值 5.5bar❶，时间 $t_1 \leqslant 35s$）。泵压力到达 8bar，系统开始自检。

注：一个驾驶循环的建压时间 35s，共三次，如果三次均失败，系统报错，此次驾驶循环不再尝试建压。次与次之间伴随尿素泵自动排气及泄压倒吸过程。

2）自检

系统自行检查压力管路和回流管路有无堵塞情况，如果有，控制系统报错，管路和尿素泵泄压。如果检测通过（表示各管路均无堵塞情况），则系统建压成功，尿素泵至喷嘴压力稳定在（9±0.5）bar。

注：整个建压过程总时间≤320s。超过 320s，系统报错，此次驾驶循环不再尝试建压。

3）正常喷射

根据排温（大于 200℃）和工况进行喷射。

4）断电倒吸

T15 下电（整车总电源开关不断）后，SCR 系统进入倒吸过程，利用反向阀使尿素泵及尿素管中的液体排空，防止管路中残留尿素对系统造成影响。

注：断电倒吸的过程时间 90s，该过程中严禁关闭整车电源。

另外，在气温低于 -11℃时，尿素结冰。潍柴 SCR 系统中配备了加热系统，其中尿素箱为发动机冷却液加热、尿素泵及尿素管路为电加热，从而保证尿素喷射系统在低温环境下正常工作。

4. SCR 系统的使用要求

按照现行国Ⅳ OBD 法规要求，当尿素箱液位低于 10% 时，仪表盘相应的指示灯闪烁警告，此时需及时加注尿素溶液。

尿素溶液需向授权零售商或专业厂家购买，由于目前加注尿素溶液的基础设施建设尚不完全，为防止因缺少尿素导致发动机限制转矩，可备用适量的尿素溶液。禁止使用私自配置或不达标的尿素溶液，以及其他替代液体，杂质和金属离子会影响系统正常工作、缩短系统寿命。

起动柴油机时，当发动机转速和排气温度达到设定值后，DeNOx 2.2 系统开始工作，发动机停机后，系统进入倒抽阶段，清空系统内的尿素溶液，该阶段将持续 2~3min，不要在系统尚处于工作状态时断开电源总开关。

DeNOx 2.2 系统正常关闭（整个倒抽过程结束）后，在 -40~25℃ 的环境中可停机 4 个

---

❶ $1 \text{ bar} = 10^5 \text{ Pa}$。

月而无须拆卸保存,在较高的温度下,无拆卸停机时间上限会相应缩短。但此期间不得断开液力和电气连接;应避免尿素喷嘴和泵中的尿素水蒸气的蒸发,建议停机前注满尿素箱以减少管路中的蒸发。

超过该时限后,启动系统前应先预运转,步骤如下:

(1)尿素箱重新注满尿素溶液。

(2)更换泵中的过滤器。

(3)启动 DeNOx 2.2 系统。

若系统启动异常,关闭系统,在 DCU/ECU 主继电器停止后(停止时间以不同应用而异),重启系统,如果仍然启动失败,则寻求服务站帮助。

检修 DeNOx 2.2 系统需要专业的诊断仪,在各个服务站中均应当配备该诊断仪。

行车过程中,当发现驾驶室 MIL 灯亮时,应及时前往就近的服务站进行专业检修。

在没有诊断仪的条件下,可进行简单的表观检查。驾驶室仪表盘尿素箱灯亮,表明尿素水溶液剩余不足10%,应及时添加。

若需要更换/拆卸尿素喷嘴,须在发动机完全停机1h,且排气管冷却后方可进行。注意底部的密封片为一次性器件,每次安装均须更换。

车辆每使用3年或者行驶10万km后,需要更换一次尿素泵的滤芯。

5. 博世 DeNOx2.2 系统零部件结构

1)尿素泵结构

尿素泵负责将尿素箱中的尿素溶液加压并且送往尿素喷嘴,同时将多余的尿素溶液泵回尿素箱,将系统的压力维持在9bar左右。发动机停机后,尿素泵将系统中的尿素溶液倒抽回尿素箱,以避免残留的尿素溶液引起系统失效。图7-1-2 为博世 DeNOx 2.2 系统尿素泵的外形结构图。

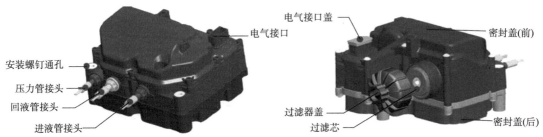

图 7-1-2 博世 DeNOx 2.2 系统尿素泵

尿素泵有三个液力管路接头,分别是进液管接头、回液管接头和压力管接头。提供尿素水溶液从尿素箱到尿素喷嘴的通路。接头规格满足 SAE J2044 标准,表7-1-2 是三个接头的具体规格及定义。

尿素泵接头的具体规格及定义　　　　　表 7-1-2

名　称	规　格	描　述
进液管接头	SAE J2044 3/8″	入口,连接尿素吸液管
回液管接头	SAE J2044 3/8″	出口,连接尿素回液管
压力管接头	SAE J2044 5/16″	出口,连接尿素压力管

尿素泵内有一个可更换的过滤器,防止尿素溶液中的微尘颗粒(直径大于 30μm)进入喷射阀,滤芯及其附属平衡元件需定期更换。

尿素泵前端密封盖上留有电气接口,做 DCU/ECU 控制接口使用。

2)尿素喷嘴结构

尿素喷嘴将尿素泵加压的尿素喷入尾气中。图 7-1-3 所示为尿素喷嘴的外形结构,其中包含 1 个尿素管接头和 2 个冷却液接头,接头规格均满足 SAE J2044 标准。尿素管接头规格为 5/16″,与尿素压力管相连。

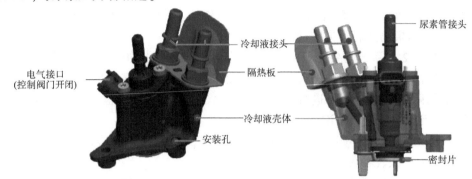

图 7-1-3　尿素喷嘴结构

两个冷却液接头规格为 3/8″,它们是发动机冷却液对尿素喷嘴进行冷却的进水口和回水口,防止尿素喷嘴高温失效。冷却液接头不区分进水和回水,可以互换。尿素喷嘴冷却液在发动机上的取水位置可参考尿素箱加热冷却液的取水和回水位置。

3)尿素箱结构

尿素箱主要用来存储尿素溶液,潍柴集成式尿素箱将尿素泵集成在了尿素箱上,图 7-1-4 所示为潍柴集成式尿素箱的外形结构。

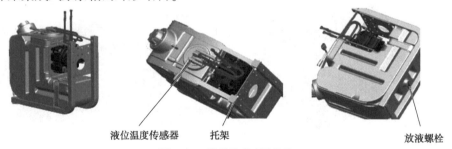

图 7-1-4　潍柴集成式尿素箱

尿素箱液位温度传感器的外形结构如图 7-1-5 所示,其中回/出液接头和进/回水口的规格及定义,见表 7-1-3。

液位温度传感器回/出液接头和进/回水口的规格及定义　　　表 7-1-3

名　　称	规　　格	描　　述
出液管接头	SAE J2044 3/8″	出口,连接尿素吸液管
回液管接头	SAE J2044 5/16″	入口,连接尿素回液管
加热进水口	外径 14mm,内径 10mm	进口,连接加热进水
加热出水口	外径 14mm,内径 10mm	出口,连接加热出水

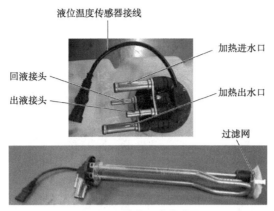

图7-1-5 液位温度传感器

尿素溶液的冰点为-11.5℃，系统在低温下工作时，尿素会结冰导致系统无法工作，因此需要对尿素箱进行解冻，尿素箱利用发动机的冷却液进行解冻和加热，加热水路的走向如图7-1-6所示。

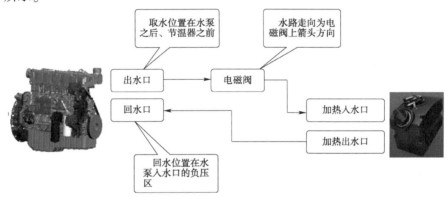

图7-1-6 系统加热水路走向

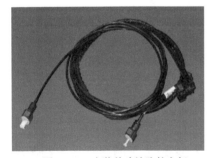

图7-1-7 安装前确认防护良好

4）尿素管路

尿素管路即是尿素的通道，在安装前保证两端防护良好，如图7-1-7所示，防止脏物和杂质进入管路，进而进入系统，导致系统失效。

尿素管路的安装要对应正确，否则会导致系统无法工作。安装前确认尿素管接头尺寸，各个快接头的型号与箱、泵和尿素喷嘴上的型号匹配正确。表7-1-4是尿素管与泵和尿素箱的匹配对应表。

尿素管与泵和尿素箱的匹配对应表　　表7-1-4

名　　称	管径(mm)	接头规格	描　　述	描　　述
尿素吸液管路	外径8，内径6	SAE J2044 3/8″	3/8″直转弯	箱端直，泵端弯
尿素压力管路	外径8，内径7	SAE J2044 5/16″	5/16″直转弯	泵端直，嘴端弯
尿素回流管路	外径8，内径7	SAE J2044 5/16″ SAE J2044 3/8″	3/8″直弯转 5/16″直弯转	箱端直，泵端弯

安装时,尿素管不能弯折,若管路出现如图 7-1-8 所示的严重弯折,将导致系统不能工作。

图 7-1-8 尿素管路的严重弯折

5) SCR 箱

SCR 箱总成分为箱式和桶式两种,其中桶式 SCR 箱总成有两种外观,一种是侧面进气、后端面出气(侧进端出),一种是前端进气、后端出气(端进端出)。SCR 箱总成外观,如图 7-1-9 所示。

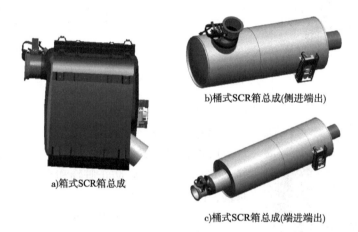

图 7-1-9 SCR 箱总成外观图

SCR 箱总成上集成了尿素喷嘴、排气温度传感器及氮氧传感器,为了防止在运输和搬运过程中的磕碰等造成尿素喷嘴和氮氧传感器失效,分别设计了尿素喷嘴保护架和氮氧传感器保护架,如图 7-1-10 所示。

SCR 箱总成通过进气凸缘与发动机排气连接管相连,如图 7-1-11 所示。

SCR 箱总成需要用 SCR 箱托架和拉带固定在整车上。

6) 传感器

DeNOx2.2 国Ⅳ/国Ⅴ系统与后处理相关的传感器除集成在尿素箱上的液位温度传感器外,还有排气温度传感器(图 7-1-12)、氮氧传感器(图 7-1-13)和环境温度传感器(图 7-1-14)。

学习模块7 后处理系统结构与拆装

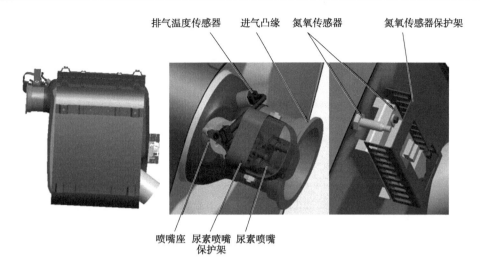

图 7-1-10 SCR 箱总成图

图 7-1-11 进气凸缘与发动机排气连接管连接示意图

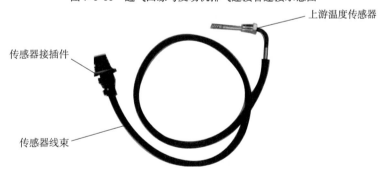

图 7-1-12 排气温度传感器结构示意图

图 7-1-13 氮氧传感器结构示意图　　图 7-1-14 环境温度传感器结构示意图

7)尿素水溶液

尿素水溶液(Diesel Emission Fluid,DEF)。在 DeNOx 2.2 系统中,使用的是国际标准的质量分数为 32.5% 的尿素水溶液。主要成分见表 7-1-5,DEF 更详细的信息可参阅 DIN 70070/ISO 22241 标准。

尿素水溶液成分表　　　　　　　　表 7-1-5

特 性	单 位	最 小 值	特 征 值	最 大 值
尿素	%	31.8	32.5	33.3
氨	%	—	—	0.2
缩二脲	%	—	—	0.3
不可溶物	mg/kg	—	—	20
磷酸盐(PO_4)	mg/kg	—	—	0.5
钙	mg/kg	—	—	0.5
铁	mg/kg	—	—	0.5
铜	mg/kg	—	—	0.2
锌	mg/kg	—	—	0.2
铬	mg/kg	—	—	0.2
铝	mg/kg	—	—	0.5
镍	mg/kg	—	—	0.2
镁	mg/kg	—	—	0.5
钠	mg/kg	—	—	0.5
钾	mg/kg	—	—	0.5

尿素溶液应该保存在紧闭容器中,储存于阴凉、干燥的地方,且远离强氧化剂。加注时,直接倾倒尿素进入尿素箱易溅洒,并污染环境。建议采用专业加注设备。

尿素溶液对皮肤有腐蚀性,在添加尿素溶液时若不慎碰到皮肤或者眼睛,需尽快用水冲洗;若持续疼痛,应寻求医疗帮助。若不慎吞服,禁止催吐,须迅速就医。

任务实施

1. 技术标准与要求

(1) 试验场地须清洁、安全。

(2) 严格按操作规范进行操作。如要求使用专用工具,则必须满足此项要求。

(3) 以 4~6 人为一个试验小组,能在 2h 内完成此项目。

2. 设备器材

(1) 陕汽 F3000 重型载货汽车。

(2) 常用、专用工具、零件架。

(3) 机油、润滑脂、棉纱等辅料。

3. 操作步骤

1) 尿素泵装配

尿素泵对于清洁度的要求非常高,如图 7-1-15 所示,所有保护帽仅在安装前才可以拿掉。

图 7-1-15　安装前拆下防护帽

采用潍柴集成式尿素箱,将尿素泵直接安装在尿素箱对应位置即可满足尿素泵安装要求。

对于非集成式尿素箱,尿素泵的安装应该满足图 7-1-16 的要求。在正视图上,尿素泵安装容许角为 315°~45°,超过此角度范围,系统将无法正常工作。在侧视图(与重力方向平行)中,尿素泵的安装角度允许为 315°~45°,超过此角度范围,尿素会残留在尿素泵中。

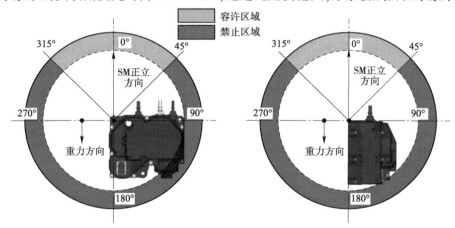

图 7-1-16　尿素泵的安装角度示意图,正视图(左),侧视图(右)

尿素泵上共有 3 个安装孔,安装螺栓长度最短可用 90mm,建议安装力矩 19N·m ±20%。

2)尿素喷嘴装配

尿素喷嘴对清洁度要求非常高,如图 7-1-17 所示,所有保护帽仅在安装前才可拿掉。

为了保证系统正常、高效工作,尿素喷嘴需正确安装在车辆上。采用潍柴集成式 SCR 催化消声器,可将尿素喷嘴直接安装在 SCR 催化消声器对应位置即可满足尿素喷嘴安装要求。

对于非集成式 SCR 催化消声器,尿素喷嘴的安装应该满足图 7-1-18 的要求。最佳旋角为 45°~85°以及 275°~315°;如果排气管道的设计足以避免尿素以及废气中的炭烟颗粒在管壁堆积,那么 85°~90°以及 270°~275°范围内的旋角也是可接受;315°~45°的旋角不推荐选用,有尿素喷嘴过热的风险;85°~275°的旋角是禁止角度,有尿素喷嘴被尿素结晶以及炭烟堵塞的风险。

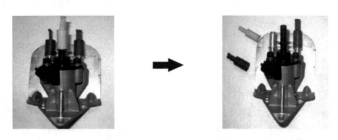

图 7-1-17 安装前拆下防护帽

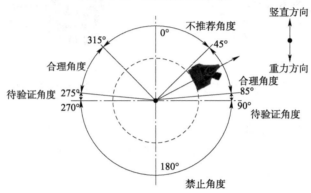

图 7-1-18 尿素喷嘴在直管道上的安装旋角示意图

排气管有直管道和弯管道,在安装尿素喷嘴时,直排气管上的安装倾角建议为30°,弯排气管的情形见图 7-1-19b),尽量安装在拐角处,使尿素沿气流方向喷入直管部分。尿素喷嘴可适当向排气管中心线方向增加3°~5°的喷射角,以补偿因废气流动造成的偏差。

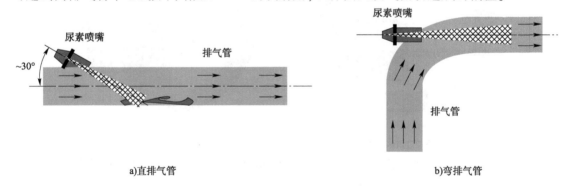

a)直排气管　　　　　　　　　　　　　b)弯排气管

图 7-1-19 尿素喷嘴在直排气管和弯排气管的安装倾角示意图

尿素喷嘴正确的安装顺序,如图 7-1-20 所示,应先固定安装孔 1,后安装孔 2、3,建议安装力矩(8±2)N·m,螺钉长度最短选用20mm。

尿素喷嘴底部的密封片是一次性部件,故每次拆卸后均需要更换。图 7-1-20 为尿素喷嘴垫片更换过程示意图。更换时,勿使用尖锐的工具撬边缘,应使用镊子拨动三个圆盘触点,取下后清洁密封区域,但要避免碰触尿素喷嘴,然后重新装上新的密封片。

3)尿素箱装配

尿素箱安装前要确认液位温度传感器各个接口防护良好(图 7-1-21),防止杂物进入系

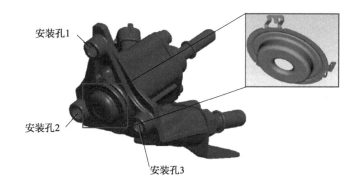

图 7-1-20　尿素喷嘴的安装顺序图

统管路,致使系统无法工作。

尿素箱在车辆上安装时,应远离热源,尽量避免尿素箱受来自发动机、变速器、SCR 催化转换器、排气管等热源辐射的影响而导致尿素溶液变质的风险。

4)传感器装配

NO_x 传感器和排气温度传感器安装方向与气流方向垂直,传感器集成安装以前,为拆卸留足够的间隙;氮氧传感器探头安装时拧紧力矩为 50N·m,线束应防止接触高温物体;排气温度传感器安装力矩为 (45 ± 5) N·m。

环境温度传感器要求安装在能够客观反映环境温度的位置,避免整车热源对传感器测量的影响。

氮氧传感器安装在排气尾气管上,安装方向应垂直于排气管在 $-80° \sim 80°$,如图 7-1-22 是 NO_x 传感器及安装角度示意图。

图 7-1-21　液位温度传感器各个接口防护良好

5)线束装配

为避免线束在车辆运行过程中,因车辆的振动而造成线束各接插件的松动、损坏,导致信号传输的中断、失败,进而造成系统工作异常,需对余量线束用卡箍进行固定。固定时,线束的弯曲角度不能太大,否则长时间运行后导线容易损坏。线束的固定要求:$L_1 > 10mm$、弧线长度 $L_2 > 50mm$,α 为 $45° \sim 135°$,各个参数的定义,如图 7-1-23 所示。

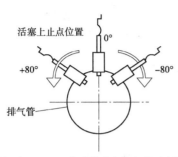

图 7-1-22　NO_x 传感器及安装角度示意图

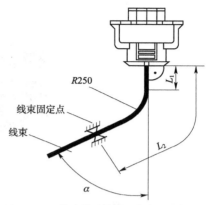

图 7-1-23　传感器及执行器线束的固定要求

知识拓展

1. SCR 系统对发动机本体的要求

潍柴欧Ⅳ、欧Ⅴ发动机区别非常小,与欧Ⅲ发动机区别较大。

总体来说,欧Ⅳ发动机外形及主机接口与国Ⅲ一致,90%的零件通用,维修方便,但部分关键部件有较大差异。

1) 欧Ⅲ、欧Ⅳ关键参数区别

(1) 燃油系统最高压力从 140MPa 提高到欧Ⅳ的 160MPa。

(2) 欧Ⅳ喷油器流量更小,油束角度与欧Ⅲ不同。

(3) 欧Ⅳ发动机缸内最高燃烧爆压大于欧Ⅲ。

以上关键参数的区别,导致了欧Ⅳ发动机要求对汽缸体、连杆、主轴承轴瓦等机械部件进行升级。

2) 欧Ⅲ、欧Ⅳ机械部件区别

(1) 活塞不同:欧Ⅳ活塞体内设置环形冷却油道,配合冷却喷嘴,可使活塞快速降温。

(2) 汽缸体不同:欧Ⅳ优化发动机汽缸体,可承受爆发压力提升 2MPa。

(3) 连杆不同:欧Ⅳ连杆采用增强型工字梁,并配装独特的内冷油槽衬套。

(4) 主轴承轴瓦及连杆轴承下轴瓦不同:欧Ⅳ主轴承轴瓦和连杆轴承下轴瓦采用多元合金瓦,连杆轴承上轴瓦则采用专有的等离子喷涂技术,溶污性强、更耐磨。

3) 欧Ⅲ、欧Ⅳ燃油系统区别

(1) 喷油器不同。

(2) 油泵件号不同(实物相同,但不建议互换)。

(3) ECU 不同:欧Ⅳ版本 ECU 为博世产品,无需搭铁,ECU 侧面有两个线束接口。

(4) 低压油路不同:EDC17 无需冷却。

(5) 发动机线束不同:一根发动机线束包含喷油器线束与传感器线束。

(6) 整车线束不同:后加速踏板、V4 和电控风扇接插件在整车线束上。

2. 蓝擎国Ⅳ(SCR)系列柴油机优势

潍柴蓝擎国Ⅳ系列柴油机按照欧洲研发流程开发,采用国际先进的铸造、加工、装配设备和工艺,配套零部件采取全球供应链采购模式,经过了充分的产品验证才推向市场,保证了产品的优秀品质。实践证明蓝擎国Ⅳ系列柴油机有如下优点:

故障率低更可靠:比机械泵发动机的故障率低63%。

油耗进一步降低:采用SCR后处理技术,燃油喷射压力更高,同等情况下比EGR路线的国Ⅳ车辆低5%~10%。

维护成本低:与机械泵发动机相比,按每年行驶18万km计算,10L柴油机低1650元/年、12L柴油机低828元/年。

油品适应性更好:SCR对燃油硫含量不敏感,与EGR路线的国Ⅳ车辆相比,优势巨大,且滤清系统对杂质、水的过滤能力更强,油品无特殊要求,且燃油系统三包期更长。

(1)振动小、噪声低,可靠性更高。

(2)油耗低。

充分利用电控高压共轨系统 + SCR后处理系统,燃油喷射压力进一步提高,并开发了一系列节油新技术,推出了省油专属技术产品和个性化动力。

目前推出的省油专属技术产品有:

①WP多功率省油开关。

②省油1+1(省油恒温扇+省油断缸技术)。

③个性化动力(重型载货汽车超级动力、重型载货汽车标准动力、搅拌车专用动力、客运专用动力、公交专用动力等)。

(3)维护成本低。

以常用标准载货汽车为例,按一年运行18万km计算,WP12柴油机较WD12柴油机可节省828元(表7-1-6)。

蓝擎国Ⅳ WP12柴油机与WD12柴油机性能对比 表7-1-6

维护项目(套/台)	定额	WP12	WD12	备注
柴油粗滤芯 + 精滤芯 + 除水放心滤滤芯(个)	3	334	26	(1)WP12维护周期为3万km,但每1万km需换一次机油滤芯; (2)WD12维护周期为1万km; (3)本维护标准为采用蓝擎国Ⅲ动力CH-4级专用机油
机油滤芯(个)	2	82	40	
机油(L)	36	770	430	
3万km维护费用(元)		1186 + 164 = 1350	496 × 3 = 1488	
一年维护费用合计(元)		8100	8928	

任务评价

后处理系统结构与检修评价见表7-1-7。

后处理系统结构与检修评价表 表7-1-7

序号	内容及要求	评分	评分标准	自评	组评	师评	得分
1	准备	10	1.进入工位前,穿好工作服,保持穿着整齐(4分); 2.准备好相关实训材料(记录本、笔)(3分); 3.检查相关配套实训资料(维修手册、使用说明书等)(3分)				

续上表

序号	内容及要求	评分	评分标准	自评	组评	师评	得分
2	清洁	5	按要求清理工位,保持周边环境清洁				
3	专用设备与工具准备	5	按要求检查设备、工具数量和完好程度等				
4	尿素泵装配,所有保护帽仅在安装前才可拿掉,建议安装力矩为 $19N·m±20\%$	12	工具使用正确,操作规范,操作流程完整				
5	尿素喷嘴装配,所有保护帽仅在安装前才可拿掉,建议安装力矩为 $(8±2)N·m$	12	工具使用正确,操作规范,操作流程完整				
6	尿素箱在车辆上安装时,应远离热源	12	工具使用正确,操作规范,操作流程完整				
7	氮氧传感器探头安装时拧紧力矩为 $50N·m$,线束应防止接触高温物体;排气温度传感器安装力矩为 $45N·m±5N·m$	12	工具使用正确,操作规范,操作流程完整				
8	线束装配,各尺寸与位置应符合要求	12	工具使用正确,操作规范,操作流程完整				
9	结论	10	操作过程正确、完整,能够正确回答老师提问				
10	安全文明生产	10	结束后清洁(5分); 工量具归位(5分)				

指导教师总体评价

指导教师_____

____年___月___日

练一练

一、单项选择题

1. SCR 利用尿素溶液与尾气中的(　　)混合、反应,还原成无毒的氮气。
 A. CO　　　　　　B. HC　　　　　　C. NO_x　　　　　　D. 炭烟
2. EGR,主要用于(　　)。
 A. 减少废气中的 CO　　　　　　B. 减少废气中的 HC

C. 减少废气中的炭烟　　　　　　　　D. 减少废气中的 NO_x

3. DPF(POC),用于降低尾气中(　　)。
   A. 灰尘　　　　　　　　　　　　　B. 颗粒浓度
   C. CO_2　　　　　　　　　　　　D. 油烟

4. 驾驶室仪表盘尿素箱灯亮,表明尿素水溶液剩余不足(　　),应及时添加。
   A. 2%　　　　　　　　　　　　　　B. 5%
   C. 10%　　　　　　　　　　　　　 D. 15%

5. 尿素溶液应该保存在紧闭容器中,储存于阴凉、干燥的地方,远离(　　)存放。
   A. 强氧化剂　　　　B. 强碱　　　　C. 强酸　　　　D. 火源

二、多项选择题

1. 实现欧Ⅳ排放主要有两条技术路线:(　　)。
   A. 普通柴油机 + SCR　　　　　　　B. 普通柴油机 + EGR + DPF
   C. 高压共轨喷射 + SCR　　　　　　D. 高压共轨喷射 + EGR + DPF

2. SCR 系统可分为(　　)三部分。
   A. 喷射尿素的尿素喷射系统
   B. 消声器
   C. 起催化消声作用的 SCR 催化箱总成
   D. 传感器等零部件

3. SCR 箱总成上集成了(　　)。
   A. 尿素喷嘴　　　　　　　　　　　B. 排气温度传感器
   C. 氮氧传感器　　　　　　　　　　D. 排气压力传感器

4. 断电倒吸:点火开关断电(整车总电源开关不断)后,SCR 系统进入(　　),利用反向阀使尿素泵及尿素管中的液体(　　),防止管路中残留尿素对系统造成影响。
   A. 倒吸过程,排空　　　　　　　　B. 倒吸过程,充满
   C. 顺吸过程,排空　　　　　　　　D. 顺吸过程,充满

5. $DeNO_x$ 2.2 国Ⅳ/国Ⅴ系统与后处理相关的传感器除集成在尿素箱上的液位温度传感器外,还有(　　)。
   A. 排气温度传感器　　　　　　　　B. 排气压力传感器
   C. 氮氧传感器　　　　　　　　　　D. 环境温度传感器

三、判断题

1. 断电倒吸的过程时间60 s,该过程中严禁关闭整车电源。　　　　　　　　(　　)
2. 尿素水溶液经尿素吸液管由尿素箱吸入尿素泵,继而泵入尿素喷嘴。　　(　　)
3. NO_x 传感器和排气温度传感器安装方向与气流方向平行。　　　　　　(　　)
4. 尿素水溶液(Diesel Emission Fluid,DEF)。在 DeNOx 2.2 系统中,使用的是国际标准的质量分数为32.5%的尿素水溶液。　　　　　　　　　　　　　　　　　　(　　)
5. 车辆每使用1年或者行驶2万 km 后,需要更换一次尿素泵的滤芯。　　(　　)

四、分析题

1. 简述尿素泵基本结构及工作过程。

2. 简述潍柴国Ⅳ发动机"高压共轨喷射+SCR"技术路线的特点。
3. 简述博世 DeNOx2.2 尿素喷射系统结构及工作原理。

模块小结

　　本模块主要讲述后处理系统结构与拆装,主要内容是后处理系统功能和组成,国Ⅳ排放的技术应用,SCR 系统工作原理、工作过程和 SCR 系统的使用要求,博世 DeNOx2.2 系统零部件结构,后处理系统的组装。通过对本模块的学习,主要掌握尿素泵、尿素喷嘴、尿素箱结构、尿素管路和 SCR 箱等主要零部件工作条件、结构特点、使用材料、安装要求,尿素水溶液的功用、品质和使用特性,尿素泵、尿素喷嘴、尿素箱、传感器、线束装配方法和注意事项。了解并掌握通用工具和专用工具名称、功能和使用方法。

学习模块 8 柴油机检修与装配

模块概述

国产汽车发动机大修技术标准规定:承修单位对大修竣工的发动机应给予质量保证。质量保证期自出厂之日起,不少于半年或行驶里程不少于20000km。在送修单位严格执行磨合期的规定,合理使用、正常维护的情况下,质量保证期内的修理质量问题,承修单位应负责保修。因此,发动机大修装配与调试显得尤为重要。

发动机装配在整个发动机修理过程中是一项重要工作,它是把组成发动机总成的零件和部件连接在一起的过程,修理时的总成装配与发动机制造时不同,因为修理过程中进入总成装配的零件有三类:具有允许磨损量的旧零件、经修复合格的零件、换用的零件。这三类零件中,通常前两类零件尺寸公差要比第三类新零件制造公差要大,为使配合副的配合特性达到装配技术条件的要求,在组装时必须按照装配技术条件的要求对配合件进行选配,包括按尺寸进行选配和按质量进行选配(如活塞和缸筒的选配、曲轴轴承和曲轴轴颈的选配等)。维修中,发动机装配质量的好坏直接影响修复后的发动机性能。

按照装配技术要求完成装配后的发动机还需经过磨合、调试和竣工验收,这样才能保证为汽车提供高质量符合技术标准要求的发动机。发动机总装以后,还要进行相关试验,以确定包括动力性、经济性和排放特性等是否满足技术性能要求。为此,必须掌握发动机装配的一般工艺过程与调整、理解发动机磨合意义与方法、掌握发动机磨合试验的方法与基本要求。了解汽车大修后的技术标准与验收要求,了解发动机修复的装配要领与调整内容。

【建议学时】

18学时。

学习任务8.1 WP10柴油机检修与装配

通过本任务的学习,应能:
1. 掌握柴油机各总成主要零部件检验和修理方法。
2. 掌握柴油机大修组装工艺。
3. 了解柴油机磨合与实验。

任务导入

客户刘先生购买了一台重型载货汽车,装配的是WP10柴油机。该车已正常行驶

50万km,发动机在使用30万km时更换过活塞环和正时传动带。客户反映汽车行驶时动力明显不足,耗油明显增多,初步判断发动机需要大修。

任务准备

1. 发动机机体组检修

发动机机体组的主要部件包括汽缸体、汽缸盖和飞轮壳。

汽缸体的主要耗损形式有磨损、变形和裂纹。

汽缸套磨损是发动机大修的标志之一。其修理方法有两种:更换缸套或镗缸。镗缸修理即按修理尺寸法将汽缸孔镗大,安装加大尺寸的活塞和活塞环。

1) 汽缸磨损检验和修理尺寸的确定

汽缸磨损检验项目有圆度、圆柱度误差和磨损量检验。圆度、圆柱度误差检验用于确定是否大修,磨损量检验用于确定修理尺寸等级。

圆度和圆柱度误差检验方法:

(1) 选择合适的测量接杆旋入表杆下端。调整接杆的长度,使其与活动测点的总长度同被测汽缸直径相适应。

(2) 在每一个汽缸选择三个断面,分别是活塞处在上止点、中间和下止点时第一道活塞环所对的位置;每个断面选择与曲轴轴线平行和垂直两个方向,分别测量其直径。

(3) 同一断面上两个直径差值的一半为该断面的圆度误差;同一个汽缸孔中所测六个直径,其最大值与最小值差值的一半为该汽缸孔的圆柱度误差。

磨损量检验时使用的工具是量缸表。

按磨损量和加工余量确定修理尺寸等级。常选的修理尺寸等级是二级和四级。

2) 汽缸镗削量和镗削次数

汽缸的镗削量 = 所配活塞最大直径 − 所镗汽缸最小直径 + 配缸间隙 − 磨缸余量

如WP10发动机,最小汽缸直径为$\phi 126.02$mm,按二级修理尺寸进行修理,所选活塞的尺寸为126.52mm,如选汽缸的配合间隙为0.03mm,磨缸余量为0.02mm,则镗削量为:

$$126.52 - 126.02 + 0.03 - 0.02 = 0.51(\text{mm})$$

磨缸余量有时可用经验方法判断:将活塞清洗后倒置于汽缸中,活塞能靠自重缓慢下降,但无间隙感觉,此间隙约为0.02mm。

确定镗削次数时,首先确定每次镗削的进刀量。第一刀因为汽缸表面的硬化层和磨损不均匀造成镗削时负荷不均衡,进刀量选0.05mm;最后一刀需要降低加工表面的粗糙度,进刀量也选0.05mm;中间各刀选择进刀量0.1~0.15mm(视不同镗缸设备确定)。

3) 汽缸镗削工艺要点

(1) 设备介绍。

国产T716型固定式镗缸机,以汽缸体底平面作为定位基准。镗孔直径为76~165mm,镗孔最大长度为410mm。

国产T8014型移动式镗缸机,以汽缸体上平面作为定位基准。镗孔直径为66~140mm,镗孔最大长度为370mm。

(2) 定位基准的选择。

汽缸镗削的定位包括两个方面,即汽缸轴线与曲轴轴承座孔轴线的垂直度及与汽缸原轴线的位置度。

在镗缸时选定汽缸轴线位置的方法有两种,即同心法和偏心法。

同心法,即以原汽缸轴线定为镗削汽缸轴线的定心方法。这种定心方法,由于镗削的汽缸的轴线与原汽缸轴线重合,不改变有关技术条件,易于保证技术性能。但由于汽缸的偏心磨损,加工余量较大,往往使修理尺寸较大而缩短了缸套的使用寿命。

偏心法,即以汽缸磨损最大部位磨损圆的轴线定为镗削汽缸轴线的定心方法。这种定心方法加工余量较小,修理尺寸往往较小,汽缸使用寿命较长。虽镗后汽缸轴线位置较原汽缸轴线位置有所偏移(向汽缸磨损较大的一侧偏移),但一般偏移量很小,不会影响曲柄连杆机构的运动,对有关机件的磨损也无明显影响。但若经多次镗缸积累偏移量较大时,这种影响便不可忽视。

4)磨缸

汽缸镗削之后应用珩磨机进行珩磨。珩磨机带动珩磨头既做旋转运动又做往复运动,从而将汽缸表面磨成网状痕迹,提高汽缸壁耐磨性能。

5)激光热处理

激光热处理,是用高能激光束扫过汽缸内表面,将其加热到材料的相变温度。在激光束移去后,由于热传导,表面的热量被内部吸收而快速冷却,产生自淬火,从而形成超细化的淬火屈氏体,表面硬度可达 HRC60 左右,淬火层可达 0.10~0.35mm。从而使汽缸的耐磨性大为提高。

2. 曲柄连杆机构维修

曲柄连杆机构包括活塞连杆组和曲轴飞轮组,由活塞、活塞环、活塞销、连杆、曲轴、轴瓦和飞轮等组成。

1)活塞连杆机构

(1)活塞的选配。

活塞最常见的耗损是磨损,且最大磨损发生在活塞环槽处。

同一台发动机上,应选用同一厂牌、同一修理尺寸、同一组别的活塞,以使材料、性能、质量和尺寸一致。尤其是同一组活塞的椭圆和锥形要求、头部与裙部的直径差,以及各活塞的质量差,须满足有关修理标准或原厂规定值。

(2)活塞销与销座孔的配合。

①配合要求。

全浮式活塞销与销座孔的配合精度很高,在工作条件下一般应有 0.01~0.02mm 的配合间隙,而在常温下为高精度的过渡配合,要求 -0.0025~+0.0025mm 的微量过盈至微量间隙。

②配合方法。

活塞销座孔与活塞销的配合方法有直接选配法以及镗削法、铰配法等机械加工方法。

选配法。大修时,活塞销与销座孔用同一尺寸组别相配。其分组情况是用色漆来标志的,只要活塞销与销座孔为同一颜色漆即为同一组。活塞销的色漆涂在内孔端部,活塞上的色漆涂在销座下方。

铰配法。当换用加大活塞销时,常对销座孔采用铰配法进行配合。选用尺寸合适的长刃活络铰刀在台虎钳上用手扳转活塞进行铰销。由于手工铰削不可避免地会产生多棱形,精度达不到基本要求,应留有一定余量进行刮修,因此铰削试配应按留有刮修余量的要求试配紧度。一般当铰削至用手掌力量能将活塞销推入一个销座孔深度的1/3左右时即应停止铰削,进行刮修。

刮修后应达到的要求是,用手掌的力量能将活塞销推入一个销座孔的1/2～2/3深度,且接触面积达到75%以上。

除手工铰配外,销座孔加工有的还采用专用铰刀和夹具在钻床或专用设备上进行机动铰削。也有的采用镗削。机铰和镗削不仅效率高,且加工精度高。

(3) 活塞环的选配。

活塞环在使用过程中会出现磨损和弹力下降,且其使用寿命较短,所以可以考虑在发动机两次大修的中间,或当汽缸磨损所造成的圆度和圆柱度误差达到要求镗缸值的一半或稍多时,更换一次活塞环,以便改善发动机的动力性和经济性。

发动机大修时,应按汽缸的修理尺寸选用与汽缸、活塞相同修理尺寸级别的活塞环。同时,为保证发动机正常工作,还应对活塞环实施以下检验。

①活塞环的端隙、侧隙和背隙检查。

活塞环的端隙即活塞环在汽缸内开口处的间隙。

检查方法是:将活塞环放入汽缸孔内,用活塞顶部将活塞环向缸孔内推进,使活塞环的平面与汽缸孔轴线垂直。然后,用厚薄规测量环的开口间隙。汽车维护更换活塞环时,应将活塞环推到汽缸内活塞环行程以下检查开口间隙,以防在上部检查时合适而到下部时卡死。

活塞环侧隙的检查方法是:将环装入环槽内,用厚薄规插入环与环槽侧面进行检测,其值应符合原厂规定。若间隙过大应另选配,若间隙过小可将活塞环在平板上垫以砂布进行修磨。

活塞环的背隙,是指在汽缸内活塞环的背面与活塞环槽底之间的间隙。由于在维修企业按这一定义间隙进行测量相当麻烦,所以汽车维修企业的经验方法是将活塞环装入环槽内,若不高出槽岸,即为合适。

②活塞环的漏光检验。

检验时,一般将活塞环平置于所装汽缸内,用一盖板挡在环的内圆上。然后,在汽缸底部放置灯泡,用肉眼观察环与汽缸的密合情况。一般要求活塞环外圆工作面在开口处30°范围内不允许漏光,且每处漏光弧长对应的圆心角不得超过25°,同一环上漏光弧长所对应的圆心角总和不得超过45°。

(4) 连杆的检修。

①一般耗损检修。

连杆及连杆螺栓应进行探伤检查,若有裂纹应报废。可用磁粉进行探伤,也可用渗透探伤。

连杆轴承承孔圆度、圆柱度误差应符合原厂规定,一般应不大于0.025mm。

②连杆衬套的修配。

活塞销与连杆小头衬套要求较高的配合精度,常温下一般配合间隙为0.005～0.01mm。

连杆衬套与承孔应有规定的过盈量,一般为 0.10~0.20mm。

换衬套后以及维护换用加大尺寸的活塞销后,均需对衬套内孔进行加工。常用的加工方法是镗削和铰配。

③连杆弯扭变形的检验与校正。

检验时,将连杆大头装在检验器的横轴上,并通过调整螺钉使定心块张开,将连杆固定在检验器上。用活塞销模拟连杆小头孔的轴线。三点规的 V 形槽卡在活塞销上,将三点规前推,使测量触点与检验平板接触。用厚薄规检查其他触点与检验平板之间的间隙。

两下触点间隙之差反映了扭曲变形的方向和程度;两下触点到平板间隙和值的一半与上触点到平板间隙值的差,反映了连杆弯曲变形的情况。

连杆弯曲变形的修理技术要求是不大于 100∶0.05 或原厂规定值。连杆扭曲变形不大于 100∶0.06 或原厂规定值。

若连杆弯扭变形超过规定,可用连杆校正器进行冷压校正。为防止弹性后效,校正量较小时,校正施力过程应保持一段时间;校正量较大时,可用喷灯稍许加温。

(5)活塞连杆组的组装工艺要点。

活塞连杆组零件在装入发动机前,应先行组装。组装工艺要点如下:

①所有零件要彻底清洗干净。

②活塞销、活塞与连杆组装时,须先将活塞倒置于容器中加热。对车用汽油机活塞,一般在水中加热到 75~85℃即可。活塞加热达到温度后,将其自热水中取出。在活塞销、连杆铜套及活塞销座孔上涂以机油。对准有关装配记号,将销以腕力迅速压入活塞销座孔及连杆小头衬套即可。

③活塞销锁环或挡圈装入销座孔相应的凹槽内,应确保其准确落槽,并要求锁环嵌入环槽的深度大致为锁环钢丝直径的 2/3。活塞销锁环或挡圈与活塞销两端应各留有 0.20~0.80mm 的间隙。若间隙过小,可取出活塞销,通过修磨其端面予以加大。

④安装活塞环时,应按规定的位置和方向安装。现代汽车发动机的第一环外圆表面多数为点状镀铬或喷钼处理,抗磨料磨损或粘着磨损能力很强。各种扭曲环,内切槽者,其切槽朝上;外切槽者,切槽朝下;锥面环,小面朝上。为防安装时上、下平面错装,多数环特别是锥面环在环开口附近制有标记,表示向上。

2)曲轴与轴承检修

(1)曲轴耗损与技术要求。

曲轴的常见耗损是轴颈磨损和弯扭变形,有时也会在圆角和油道口处产生裂纹甚至裂断。

曲轴大修技术要求是:以两端主轴颈的公共轴线为基准,中间各主轴颈的径向圆跳动不得大于 0.20mm;飞轮凸缘的径向圆跳动不得大于 0.20mm,外端面的端面圆跳动不得大于 0.20mm;各连杆轴颈和主轴颈的圆度误差、柱度误差应不大于 0.05mm,曲轴的回转半径应符合原设计规定;以装正时齿轮的键槽中心平面为基准,连杆轴颈的分配角偏差不得大于 ±30′。

(2)曲轴的检验。

①轴颈圆度、圆柱度误差检验。

在轴颈上选择两个断面,应避开过渡圆角和油孔;在每个断面上选择两个方向分别测量直径(对于连杆轴颈,为朝向主轴颈方向和垂直于该方向的另一方向,对于主轴颈,为与连杆轴颈方向相对应);同一断面直径差值的一半为该断面的圆度误差,同一轴颈四个直径中最大最小值差值的一半为该轴颈的圆柱度误差。

②曲轴扭曲检验。

将曲轴两端主轴颈支撑起来,第一、第六道连杆轴颈放置到与主轴颈水平位置。分别测量两连杆轴颈上部至检验平面的高度,得到两连杆轴颈的高度差 δ。利用公式:

$$\theta = \frac{360°}{2\pi R} \times \delta = 57.3 \frac{\delta}{R}$$

即可得曲轴的扭转角。

(3)曲轴变形的校正。

曲轴的弯曲变形表现为中间主轴对两端主轴颈的径向圆跳动误差。当该径向圆跳动误差大于 0.15mm 时,需先进行校正后再光磨轴颈;小于 0.15mm 时,则可结合轴颈的光磨予以消除。

曲轴的弯曲可用冷压校正。对锻制的中碳钢或中碳合金钢曲轴,当原始弯曲变形约 0.10mm 时,压校的弯曲度可取 3~4mm,这样可在 1~2min 大体校正曲轴;而对同样原始弯曲变形的球墨铸铁锻造曲轴,压校时的弯曲度仅取 1.0~1.5mm 即可。

曲轴的扭曲变形表现为连杆轴颈的分配角误差。当分配角误差较小时可通过轴颈光磨予以修正,较大时则更换。

(4)曲轴轴瓦的修配。

①轴瓦的配合要求。

为防止轴瓦在座孔中松动致使在工作中产生振动、转动或移动,以及为使轴瓦通过座孔良好散热,轴瓦与座孔必须有合适的配合过盈和良好贴合。

为确保润滑良好,轴瓦与轴颈之间要有合适的配合间隙、轴瓦与轴颈的配合表面要有正确的几何形状,轴瓦表面的粗糙度数值应足够小。

②轴瓦的选配条件。

A. 应选配与轴颈同级修理尺寸的轴瓦。WP10 发动机有一 0.05mm 的轴瓦,当维护时各曲轴轴颈已有少量磨损,但其圆度、圆柱度误差符合规定时可供选用。但当选用这种轴瓦,间隙过大时便应光磨曲轴,选用其他修理尺寸。

B. 余面高度合适。轴承装入座孔内,上、下两片端部应高出轴承座平面一规定高度,此高度称为余面高度,以确保轴瓦与座孔的过盈配合。一般余面高度为 0.05mm 左右。检查方法是将轴瓦装入轴承座后,将有凸舌的一端压紧,在另一端施加一定压力,使轴瓦与座孔贴紧,此时该端高出座孔平面的高度就是余面高度。

③定位凸舌完整,有弹性。

(5)垫片的选用。

轴瓦装入轴承座内,直径应等于轴颈直径与轴瓦间隙之和。其内径不足时,除有规定者外,可在座孔接合面加装适当厚度的垫片。

垫片有两种,轴瓦余面高度过高者,可加装不压瓦的垫片;轴瓦余面高度合适者,则只能加装压瓦垫片。这种垫片不可多加,且其内边应与轴瓦内表面平齐,以防形成泄油沟槽。

(6)组合件的平衡要求。

对于高速发动机来说,为了保证发动机整体的平衡性,减少车辆振动和噪声,活塞连杆组件除单件的质量差应符合规定外,还应注意装配后的组合件质量差也应符合规定。例如,在修理过程中,要求一般中型汽车汽油发动机的同一组活塞各自的质量差不大于8g,同一台发动机内各连杆组件的质量差不大于26g。而且,同一台发动机内各活塞连杆组件的质量差不应大于34g。

同理,曲轴飞轮组的曲轴、飞轮以及所附离合器,除应进行单件平衡外,还应进行组合件的平衡。其不平衡值均应不超过规定。

3. 配气机构维修

1)主要零件的检修

配气机构由气门组和气门传动组构成。气门组包括气门、气门座圈、气门导管和气门弹簧;气门传动组包括正时齿轮、链条或传动带、凸轮轴、挺柱、推杆、摇臂和摇臂轴等。

(1)正时齿(链)轮、链条和齿带检验。

正时齿轮因磨损,其啮合间隙超过极限时,应予换新。

正时链条的磨损表现为总体伸长,因此检查方法也是检查其伸长量。具体检查方法有多种:一种是按原厂规定的拉力将对折后的整体链条充分拉伸,然后测量呈对折状态的整体链条的长度或规定节数链条的长度。另一种是通过检查链条的松紧程度来确定相关件的磨损程度。即在两链轮之间用一弹簧秤挂拉链条,若在原厂规定的弹簧秤拉力下链条外张超过允许值,则说明链条及两链轮磨损超限,应同时予以更换。

正时齿带的检查类似三角皮带传动检查,即用拇指压下齿带时,其挠曲度应不大于规定值(一般为5～7mm),否则应报废。

(2)凸轮轴及轴承检修。

凸轮轴应进行探伤检验,若有裂纹,应予以更换。

凸轮磨损一般是检查其升程。通常,可用外径百分尺直接进行。若凸轮升程较原厂标准值减小0.4mm以上,或凸轮表面有严重的拉伤或擦伤,则应更换。

(3)气门的检修。

大修时一般均需换新气门。

维护时,若气门与导管配合间隙超过使用限度,或头部烧蚀严重、光磨后圆柱部分厚度小于0.8～1.0mm,或头部工作锥面对杆轴线的斜向圆跳动超差而通过光磨又不能纠正者,也都应予以换新。

维护时,如气门头部工作锥面有点蚀麻点或轻微的烧蚀痕迹,或已磨损出槽但尚未超限,可通过光磨修复。

磨削时,可将气门光磨机夹头调至比相应的气门座圈角度小0.5°～1°,以获得需要的气门干涉角。

(4)气门座圈的检修。

①气门座圈的镶换。

座圈出现严重烧蚀、缺裂、下陷过度,则应予换新。注意,若同时更换气门导管和座圈,

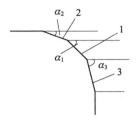

图 8-1-1 气门座各锥面角度

应先镶气门导管,后镶气门座圈。以便当镶座圈需镗孔时,可以导管定心,保证其同轴度。

②气门座的修配。

气门座由三个锥形带表面1、2、3构成(图8-1-1),它们的母线分别与导管孔轴线相垂直的平面构成不同的斜角。其中,各锥面所形成的斜角一般为15°、45°和60°。

气门座与气门的密封锥面常用光磨法或铰配法修配。它们都是以导管内孔定位的,以保证其与导管的同轴度。下面主要介绍铰配法。

铰配法是用成型的专用铰刀进行铰削加工的,其工艺要点及注意事项如下:

A. 选用合适的定心杆插入导管内,应通过调整螺钉使其在导管内张紧、定正,不得有摆动和偏斜现象。

B. 用45°或30°铰刀粗铰工作锥面1,至刚出现完整的锥面为止。

C. 用小角度和大角度铰刀铰削锥面2和3,将工作锥面1的宽度和位置调至符合规定。

D. 用45°或30°铰刀精铰工作锥面,并用气门进行座合检查,至在气门座工作锥面上有一条完整的接触带为止。

E. 因气门座铰削难以避免会出现多棱形,铰完后应进行研磨。将气门间断起落和反复转动,研磨至气门和座口接触带上均出现一条完整的灰色接触带。

(5)气门弹簧的检验。

气门弹簧易因疲劳而使自由长度改变、弹力下降、弯曲变形、甚至发生裂纹和断裂等。气门弹簧的弹力检验,应用弹簧弹力检验仪。

2)配气相位的检测与调整

对配气相位可进行动态检测和静态检测。动态检查,能利用发动机工作时进、排气门落座产生振动声波的时刻,来检测进、排气门关闭的配气相位角。静态检测,典型的有气门升程法和刻度盘法。气门升程法是通过测出活塞在排气行程上止点时进、排气门的实际开启升程量,然后将其与对应的标准曲轴转角对照,来测定其进气门早开与排气门晚关两个相位角。这种方法适用于检测某种已知配气凸轮升程函数,或由此计算出凸轮升程与相应的曲轴转角对照表的车型。

下面简要介绍刻度盘检测法。

这种方法需在发动机前端或后端安装一个与曲轴同轴的刻度盘。将刻度盘固定在机体前端并与曲轴轴线同轴。在曲轴上安装一铁丝制的指针。

(1)测出上止点位置。

顺转曲轴,第一缸活塞接近到达上止点时,将百分表触头触到活塞顶上。继续顺转曲轴,观察百分表顺时针转至刚要反转时的刻度,并记下此刻度。再反转曲轴一小角度,然后再顺转曲轴至百分表刚好又到所记的刻度停住。此即为活塞的上止点。此时,将曲轴上的指针定在拨向刻度盘的0°刻度线上(此后指针勿再振动)。

(2)调好气门间隙。

装好汽缸盖并按规定值调好所有的气门间隙。

(3)检测配气相位。

检测进气门早开角:顺转曲轴,至该缸排气门处于关闭过程后期而进气门摇臂刚开始转动时停止,将百分表触到该气门弹簧座上。继续顺转曲轴,至百分表指示进气门刚刚开启或进气门达到规定开度(控制点)时停止。此时,观察刻度盘的指示刻度并与该缸上止点的刻度比较,即可得进气门早开角。

检测排气门晚关角:继续顺转曲轴至排气门完全关闭,然后将百分表触到该排气门弹簧座上,并转动表盘使指针指向 0 刻度。再反转曲轴,使排气门重新开启一升程,用控制点表示者需开启至超过规定的开度。然后再顺转曲轴,使排气门下落至规定开度(控制点),或表针刚好回到。排气门刚关闭时,停止转动。此时,观察刻度盘指示值并与上止点刻度值比较即可得排气门晚关角。

同理,可测得排气门开启和进气门关闭时刻(或规定开启量时刻)的刻度盘指示值,与下止点刻度比较,即可得排气门开和进气门关的角度。

4.发动机装配中应注意的一般问题

(1)准备装配的零部件和附件都要经过试验或检验,必须保证质量合格。

(2)装配前要认真清洗零件,特别是汽缸体的油道要彻底清洗并用压缩空气吹干。装配用的场地、工具、工作台也应保持清洁。

(3)按规定配齐螺栓、螺母、垫圈、开口销等标准件。各种密封垫片、油封、密封条、开口销、锁紧铁丝等在大修时应全部换新。上述大都为一次性使用零件和材料,小修拆卸时也应换新。

(4)各相对运动零件的配合表面在装配时均应涂机油,以保证零件开始运动时的润滑。

(5)注意装配标志和零件的互换性。对组合加工件,应按规定的位置和方向(标记)装配,不可错乱。

(6)注意装配过程检验。各部位的配合间隙特别是关键部位的重要配合间隙必须符合技术标准要求。

(7)重要的螺栓螺母,如连杆螺母、主轴承螺栓、汽缸盖螺栓等,必须按规定力矩及与拆卸时方向相反的顺序分次均匀地拧紧。

任务实施

1.技术标准与要求

(1)试验场地须清洁、安全。

(2)严格按操作规范进行操作。如要求使用专用工具,则必须满足此项要求。

(3)以 4~6 人为一个试验小组,能在 8h 内完成此项目。

(4)需要润滑的零部件表面,安装前涂上干净机油。

2.设备器材

(1)WP10 柴油机若干台。

(2)WP10 柴油机使用说明书和维修手册若干本。

(3)常用、专用工具。

(4)柴油机翻转架、零件架。

(5)机油、润滑脂、棉纱等辅料。
3. 操作步骤
1)装曲轴
(1)曲轴与飞轮组合时定位应可靠。换新飞轮时,除应重新平衡外,应作出点火或喷油正时记号。
(2)装主轴承轴瓦时注意上下轴瓦不可装反,有油孔或油槽的为上轴瓦。同时,应观察轴瓦上的油孔或油槽与座孔上的油道口是否对正。
(3)对分开式油封,应先装上两端主轴承轴瓦。靠合油封,使油封端面相互压紧,表面全面接触曲轴油封颈。
(4)装推力轴承时应使减磨合金层的一面朝向曲轴曲柄一侧。
(5)复查轴承间隙。全部轴承盖达到规定力矩时用手扳转曲柄销应能顺利转动曲轴。若过紧,可逐道松动轴承盖检查。若哪一道松开紧度变小,即为该道轴承紧,应查明原因予以排除。
(6)用百分表检查曲轴的轴向间隙应符合规定。大修时一般为 0.05~0.15mm,使用限度一般为 0.25~0.30mm。
2)装活塞连杆组
(1)复查活塞与缸壁的配合间隙,应符合规定。活塞销轴向间隙一般为 0.20mm。
(2)检查活塞顶距汽缸上平面的距离应符合技术要求。某些柴油机可根据检测数据选用对应厚度的汽缸垫,以使压缩比保持在一定范围内。
3)检查校正偏缸
将不装活塞环的活塞连杆组按规定缸号和方向装入汽缸,并按规定力矩上紧连杆轴承盖,转动曲轴从活塞顶部查看活塞在汽缸内运动时有无前后偏斜现象。其偏缸值,即活塞顶部前后方向与汽缸的间隙差值不应超过 0.10mm。
(1)所有汽缸的活塞在上、下止点和中部都偏向一方。是因汽缸轴线与曲轴轴线不垂直,镗缸定位不准造成的。可通过校正连杆弯曲的方法予以消除,但会遗留下连杆弯曲的隐患。
(2)个别活塞在上、下止点和中部偏向一方。多系连杆弯曲所致,可通过校正连杆弯曲的方法消除。
(3)活塞在上、下止点改变偏斜的方向。系连杆轴颈圆柱度误差过大或连杆轴颈轴线与曲轴轴线不平行所致,应更换曲轴。
(4)活塞在上、下止点居中,但在汽缸中部偏斜,且往复运动方向改变时偏斜方向也变。多系连杆扭曲所致。
4)装活塞环
(1)注意特殊断面形状的活塞环,其安装位置和方向不可装错。
(2)使用专用活塞环钳安装,防止安装中产生扭曲变形。
(3)复查活塞环的各种间隙,其中侧隙和背隙可用经验方法粗检:活塞环在环槽中应能靠自身质量落入槽底,落入槽底后环应不高于环岸。
5)装活塞连杆组

(1)活塞环开口安装位置的原则:开口位置尽可能避开侧压面,以减少活塞在上止点换向过程中对活塞环开口处密封性的影响;相邻环开口位置夹角尽可能大,使漏气路线最长。如为三道环,第一道在活塞销轴线方向,三道开口相间120°;四道环(两道环片的组合式油环可算两道环),一、二道环开口相间180°,三、四道环开口相间180°,二、三道环开口相间90°。开口均在与活塞销轴线呈45°处。

(2)装入汽缸内时应用专用卡箍收紧活塞环。

(3)按规定力矩拧紧连杆螺母后,复查连杆轴承间隙:沿轴向用手锤轻击或用手扳动连杆轴承盖,连杆大端应能沿轴向移动。

6)装凸轮轴

(1)检查凸轮轴的轴向间隙,一般为0.1~0.2mm。对斜齿正时齿轮来说,若轴向间隙过大,应更换或焊修推力凸缘。

(2)顶置凸轮轴在安装汽缸盖后安装,注意安装时应使所有活塞均不在上止点。若为同时对正配气正时记号一缸活塞需在上止点时,则凸轮轴应使该缸进、排气凸轮的顶尖处于倒八字即V位置,以免气门与活塞发生干涉而损坏机体。

(3)注意正时记号:正时齿轮者,曲轴与凸轮轴正时齿轮记号应对正;正时链条传动者,记号应按规定装配。

(4)正时齿轮传动齿轮,应在互呈120°的三点处检查齿侧间隙,其值应符合规定。

7)装气门挺杆

(1)气门挺杆对号入座,应能自由上下移动及灵活转动。

(2)液力挺柱安装时应排除空气。排空气时,可把挺柱整个浸入柴油中推压几次柱塞,推压不动时即已注满油。

8)装气门

(1)装气门油封时应用专用工具导向,以免油封划伤。

(2)不等螺距的气门弹簧,螺距小的一端应朝向汽缸盖。

9)装汽缸盖

(1)注意汽缸垫的方向:包皮有翻边的一面,对于铸铁汽缸盖应朝向汽缸盖、对于铝合金汽缸盖应朝向汽缸体。有方向标记者,则应按标记安装。

(2)装汽缸盖前,应向汽缸内注入少许机油。

(3)汽缸盖螺栓,除装配时应按规定力矩和顺序即由中央向四周分次均匀拧紧外,热车后应重新紧固一遍。

10)装气门摇臂

(1)进、排气门摇臂无标记,应注意不可错乱。

(2)摇臂轴上润滑摇臂的出油口应朝下。

(3)摇臂支架的位置:有油道孔的支架,其油道孔应对正汽缸盖油道口,并使摇臂轴的油道口与其对正。

11)调气门间隙

气门间隙的调整原则是,必须在被调整气门的挺杆(或摇臂)与凸轮的基圆部分相对时才可调整。为遵从上述原则,实践中常采用两种方法调整:

(1)逐缸调整法。

转动曲轴,将某缸活塞置于压缩行程上止点位置,然后调整该缸的进、排气门间隙。各缸依此法进行,逐缸调整。

这种方法准确可靠,但工效不高,特别是中间各缸找上止点位置较困难。

(2)快速调整法。

快速调整法即两次调整法:

①在第一缸于压缩终了上止点时,调整所有气门中的一半。

②摇转曲轴360°(四冲程发动机),调整其余的一半气门。

不同发动机每次可调整的气门可用图8-1-2所示的环形图表判断。这是将发动机的工作顺序从左端开始按顺时针方向排成的闭路环形图。图中依次分为"双""排""不""进"四段,即进、排气双门可调段,排气门可调段,进、排气门均不可调段及进气门可调段。如工作顺序为1-5-3-6-2-4的6缸发动机,在1缸压缩终了时,1缸"双"门可调,3、5缸"排"气门可调,6缸双门"不"可调,2、4缸"进"气门可调。

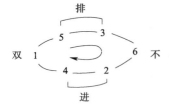

图8-1-2 气门间隙调整环形图 曲轴转360°,在6缸压缩终了时,其余气门可调。

 知识拓展

发动机的磨合与试验

1.磨合与试验的目的和实质

发动机磨合与试验的目的是:改善各动配合副摩擦表面的表面质量,使其达到工作条件的要求,以延长发动机的寿命;检验发动机修理和装配中存在的问题并及时排除,以提高发动机的可靠性;试验发动机使用性能恢复的情况。

2.影响磨合的因素

最佳磨合应是以最小的磨损量在最短的磨合时间内达到适合工作条件要求的表面质量。

影响磨合的主要因素有零件的表面因素、磨合用润滑剂和磨合规范。

1)零件的表面因素

(1)表面粗糙度。

一般经过精加工的零件,其表面粗糙度数值越低,微观上接触点越多,磨合过程所需磨去的量越少,磨合所需的时间也越短。但对活塞环这样的弹性零件来说,由于要求其与汽缸有高的密合性,而其形状误差又往往较大,所以应有好的磨合性。而表面粗糙度越高,实际接触点越少,磨合性也就越好。

(2)表面性质。

零件表面性质不同,其磨合性也不同,如镀铬环硬度高、磨合性差,而经磷化处理或有涂层的活塞环由于处理层具有多孔性且脆性较大,故既有较好的储油性可防止粘着磨损,又因易脆断和脱落而具较好的磨合性。

2)润滑剂

磨合时采用的润滑剂要具有较好的油性、导热性和较低的黏度。

3) 磨合规范

磨合规范主要是指磨合的负荷和转速。不同的磨合规范,零件表面达到所要求的技术状态时的金属磨损量不同,零件的使用寿命也不同。

(1) 负荷

磨合时的负荷应从无到有,从小到大逐渐增加,从而使零件表面逐渐得到改善。若负荷过大,将发生过度磨损,使总磨损量增大;过小,则磨合效率低。

(2) 转速

在一定负荷条件下适当增加磨合转速,不仅可提高磨料磨损速度,而且可提高热点温度,使微观粘着磨损速度提高,从而提高磨合速度。但转速过高,亦将发生剧烈磨损。而转速过低不仅效率低,且摩擦表面润滑得不到保证(冷磨合)。所以磨合过程中转速应在一定范围内由低到高逐渐增加。

3. 磨合与试验工艺

磨合与试验分为冷磨合、无负荷磨合和有负荷热磨合与试验三个阶段。

1) 冷磨合

冷磨合是在台架上以可变转速的外部动力带动发动机运转所进行的磨合。根据零件加工精度和总成装配质量不同,可采用先无压缩(即不装火花塞或喷油器)磨合,后有压缩磨合。或直接进行有压缩磨合。

大量试验表明,为使磨合表面得到可靠的润滑,冷磨合开始转速 n_1 以 400~600r/min 为宜,然后,以 200~400r/min 的级差逐级增加转速,冷磨合终了转速 n_2 一般为 1000~1200r/min。一般冷磨合时间在 2h 以上。

2) 无负荷热磨合

无负荷热磨合是在发动机冷磨合后装上全部附件起动发动机,在正常工作温度下不带负荷由低到高以不同转速(通常为 1000~1200r/min)运转所进行的磨合。

这一段磨合作用主要是为了进行下列调整和检查:

(1) 调整气门间隙和油、电路,使其符合标准和达到最佳状态。

(2) 观察机油压力、冷却液温度、发电是否正常;检查发动机运转是否正常,有无异响,有无漏水、漏电、漏油、漏气现象等。

3) 有负荷热磨合与试验

它是由试验台的加载装置对发动机由小到大逐渐加载增速进行磨合并测试其动力性和经济性能的一个过程:

通常,开始时所加的载荷为发动机标定功率 N_e 的 10%~20%,转速为 800~1000r/min,以后每次可以递增 200~400r/min 和 5PS❶ 的负荷进行磨合。磨合终了时的转速,汽油机一般为 $0.80n_e$(n_e 为发动机额定功率转速)、柴油机为 n_e;柴油机一般取 $0.8~1.0N_e$,汽油机推荐取 $0.8N_e$。

最后,应测试发动机的最大转矩和最低燃料消耗率,对最大功率和负荷特性则进行抽样检试,以确定发动机动力和经济性的恢复情况。

---

❶ 1PS = 735.499W。

4.磨合与试验后的技术要求

经磨合与试验的发动机应符合汽车发动机大修竣工技术条件。

任务评价

柴油机检修与装配评价,见表8-1-1。

柴油机检修与装配评价表　　　　　　　表8-1-1

序号	内容及要求	评分	评 分 标 准	自评	组评	师评	得分
1	准备	10	1.进入工位前,穿好工作服,保持穿着整齐(4分); 2.准备好相关实训材料(记录本、笔)(3分); 3.检查相关配套实训资料(维修手册、使用说明书等)(3分)				
2	清洁	10	按要求清理工位,保持周边环境清洁				
3	专用设备与工具准备	10	按要求检查设备、工具数量和完好程度等				
4	装曲轴、主轴承轴瓦、油封,复查轴承间隙和轴向间隙	10	工具使用正确,操作规范,操作流程完整				
5	装活塞连杆组,复查活塞与缸壁的配合间隙,检查活塞顶距汽缸上平面的距离,检查校正偏缸	10	工具使用正确,操作规范,操作流程完整				
6	装活塞环,装活塞连杆组	10	工具使用正确,操作规范,操作流程完整				
7	装凸轮轴、气门挺杆、气门、汽缸盖、气门摇臂	10	工具使用正确,操作规范,操作流程完整				
8	调整气门间隙	10					
9	结论	10	操作过程正确、完整,能够正确回答老师提问				
10	安全文明生产	10	结束后清洁(5分); 工量具归位(5分)				

指导教师总体评价:

指导教师_____
____年___月___日

练一练

一、单项选择题

1. 承修单位对大修竣工的发动机应给予质量保证。质量保证期自出厂之日起,不少于(　　)。
   A. 2 个月或行驶里程不少于 5000km
   B. 3 个月或行驶里程不少于 5000km
   C. 3 个月或行驶里程不少于 10000km
   D. 6 个月或行驶里程不少于 20000km

2. 按装配技术要求完成装配后的发动机还需经过(　　)。
   A. 起动调试和竣工验收　　　　　　B. 起动检验和竣工验收
   C. 磨合、调试和检测　　　　　　　D. 磨合、调试和竣工验收

3. 磨合规范包含(　　)。
   A. 转矩和转速　　　　　　　　　　B. 功率和转速
   C. 负荷和车速　　　　　　　　　　D. 负荷和转速

4. 磨合过程中转速应在一定范围内(　　)。
   A. 由低到高　　B. 由高到低　　C. 匀速　　D. 加速

5. 磨合与试验分为(　　)三个阶段。
   A. 小负荷、中负荷磨合和大负荷热磨合与试验
   B. 无负荷、小负荷磨合和大负荷热磨合与试验
   C. 冷磨合、小负荷磨合和大负荷热磨合与试验
   D. 冷磨合、无负荷磨合和有负荷热磨合与试验

二、多项选择题

1. 修理过程中进入总成装配的零件有三类:(　　)。
   A. 发动机拆下的零件　　　　　　　B. 允许磨损量的旧零件
   C. 经修复合格的零件　　　　　　　D. 换用的零件

2. 汽缸套磨损是发动机大修的标志之一。其修理方法有两种:(　　)。
   A. 更换缸体　　B. 更换缸套　　C. 镗缸　　D. 刷镀汽缸内壁

3. 镗缸时按(　　)确定修理尺寸等级。
   A. 圆度误差　　B. 圆柱度误差　　C. 磨损量　　D. 加工余量

4. 活塞环的间隙检查包括(　　)。
   A. 开口间隙检查　　B. 边隙检查　　C. 背隙检查　　D. 漏光检查

5. 同一台发动机上应选用的活塞(　　)。
   A. 同一厂牌　　　　　　　　　　　B. 统一加工精度
   C. 同一修理尺寸　　　　　　　　　D. 同一组别

三、判断题

1. 圆度、圆柱度误差检验用于确定汽缸修理尺寸等级。　　　　　　　　　(　　)

2. 磨损量检验时使用的工具是螺旋千分尺。　　　　　　　　　　　　(　　)
3. 发动机大修时,应按汽缸的修理尺寸选用与汽缸、活塞相同修理尺寸级别的活塞环。
　　　　　　　　　　　　　　　　　　　　　　　　　　　　　　　(　　)
4. 检查校正偏缸时应安装活塞环。　　　　　　　　　　　　　　　　(　　)
5. 发动机修理后安装到车上进行磨合。　　　　　　　　　　　　　　(　　)

四、分析题

1. 简述圆度和圆柱度误差检验方法。
2. 什么叫同心法和偏心法？各有什么特点？
3. 如何调整气门间隙？
4. 如何检验连杆的弯扭变形？
5. 活塞环的检验项目有哪些？

模块小结

　　本模块主要讲述柴油机检修与装配,主要内容是缸体组检修,曲柄连杆机构检修,配气机构检修,发动机组装、磨合与调试等。通过对本模块的学习,主要掌握汽缸套检验和修理、曲轴检验和修理、活塞连杆机构检验和修理、配气机构检验、调整和修理等。了解并掌握通用工具和专用工具名称、功能和使用方法。该部分内容综合了前面所有的学习内容,是发动机机械修理的核心。

学习模块 9　柴油机使用与维护

模块概述

要保证发动机完好技术状况,正确的使用方法和及时有效的维护至关重要。本模块主要阐述的内容包括:基于 GB 18344 的发动机维护相关技术要求,WP10 柴油机维护技术要求,WP10 柴油机使用说明,燃油、机油、冷却液、尿素溶液和辅助材料等。

【建议学时】

18 学时。

学习任务9.1　柴油机使用与维护

通过本任务的学习,应能:
1. 描述柴油机的使用要求与注意事项。
2. 描述柴油机燃油、机油、冷却液、尿素溶液和辅助材料的使用要求。
3. 使用通用和专用工具进行 WP10 柴油机日常维护与定期维护。

客户王先生来到了某重型载货汽车特约经销店购买了一台重型载货汽车,该车匹配的是 WP10 柴油机,王先生特别注重发动机的使用性能,咨询柴油机的使用与维护要求,要求该店售后人员能够解答客户提出的问题。请你接待该客户,解答客户提出的问题。

任务准备

1. 发动机维护相关技术要求

1)汽车维护定义

(1)日常维护。

以清洁、补给和安全检视为作业中心内容,由驾驶员负责执行的车辆维护作业。

(2)一级维护。

除日常维护作业外,以清洁、润滑、紧固为作业中心内容。并检查有关制度、操纵等安全部件,由维修企业负责执行的车辆维护作业。

(3)二级维护。

除一级维护作业外,以检查、调整转向节、转向摇臂、制动蹄摩擦片、悬架等经过一定时间的使用容易磨损或变形的安全部件为主,并拆检轮胎,进行轮胎换位,检查调整发动机工作状况和排气污染控制装置等,由维修企业负责执行的车辆维护作业。

2)汽车维护分级和周期
(1)汽车维护的分级。
日常维护、一级维护、二级维护。
(2)汽车维护的周期。
①日常维护的周期。
出车前,行车中,收车后。
②一级维护、二级维护的周期。
A.汽车一、二级维护周期的确定,应以汽车行驶里程为基本依据。
汽车一、二级维护行驶里程依据车辆使用说明书的有关规定,同时依据汽车使用条件的不同,由省级交通行政主管部门。
B.一、二级维护时间间隔。对于不便用行程里程统计、考核的汽车,可用行驶时间间隔确定一、二级维护周期。道路运输车辆一、二级维护里程周期,参见表9-1-1。

道路运输车辆一、二级维护里程周期　　　　　　　　　　表9-1-1

适用车型		维护周期	
		一级维护行驶里程间隔上限值或行驶时间间隔上限值	二级维护行驶里程间隔上限值或行驶时间间隔上限值
客车	小型客车(含乘用车)(车长≤6m)	10000km 或者 30 日	40000km 或者 120 日
	中型及以上客车(车长>6m)	15000km 或者 30 日	50000km 或者 120 日
货车	轻型货车(最大设计总质量≤3500kg)	10000km 或者 30 日	40000km 或者 120 日
	轻型以上货车(最大设计总质量>3500kg)	15000km 或者 30 日	50000km 或者 120 日
挂车		15000km 或者 30 日	50000km 或者 120 日

注:对于以山区、沙漠、炎热、寒冷等特殊运行环境为主的道路运输车辆,可适当缩短维护周期。

3)一级维护
一级维护主要项目及技术要求,如表9-1-2所示。

一级维护基本作业项目及技术要求　　　　　　　　　　表9-1-2

序号	项目	作业内容	技术要求
1	点火系统	检查、调整	工作正常
2	发动机空气滤清器、空压机空气滤清器、曲轴箱通风系统空气滤清器、机油滤清器和燃油滤清器	清洁或更换	各滤芯应清洁无破损,上下衬垫无残缺,密封良好;滤清器应清洁,安装牢固
3	曲轴箱液面、化油器液面、冷却液液面、制动液液面高度	检查	符合规定

续上表

序号	项目	作业内容	技术要求
4	曲轴箱通风装置、三效催化转换装置	外观检查	齐全、无损坏
5	散热器、油底壳、发动机前后支垫、水泵、空压机、进排气歧管、化油器、输油泵、喷油泵连接螺栓	检查校紧	各连接部位螺栓、螺母应紧固,锁销、垫圈及胶垫应完好有效

4) 二级维护

(1) 二级维护作业过程。

汽车二级维护首先要进行检测,汽车进厂后,根据汽车技术档案的记录资料(包括车辆运行记录、维修记录、检测记录、总成修理记录等)和驾驶员反映的车辆使用技术状况(包括汽车动力性、异响、转向、制动及燃、润料消耗等)确定所需检测项目,依据检测结果及车辆实际技术状况进行故障诊断,从而确定附加作业。附加作业项目确定后,与基本作业项目一并进行二级维护作业。二级维护过程中,要进行过程检验,过程检验项目的技术要求应满足有关的技术标准或规范;二级维护作业完成后,应经维护企业进行竣工检验,竣工检验合格的车辆,由维护企业填写《汽车维护竣工出厂合格证》后方可出厂。

二级维护工艺过程,如图9-1-1所示。

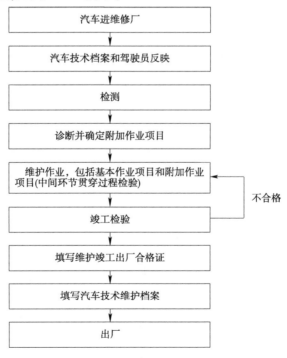

图9-1-1 二级维护工艺过程图

(2) 汽车二级维护检测、诊断。

①对汽车二级维护检测项目进行检测时,应使用该检测项目的专用检测仪器,仪器精度须满足有关规定。

②汽车二级维护检测项目的技术要求应参照国家有关的技术标准,或原厂要求。
③汽车二级维护基本作业项目及技术要求,见表9-1-3。

二级维护基本作业项目及技术要求　　　　表9-1-3

序号	维护项目	作业内容	技术要求
1	发动机工作状况	(1)检查发动机起动性能和柴油机停机性能; (2)检查发动机运转情况	(1)起动性能良好,停机装置功能有效; (2)低、中、高速运转稳定,无异响
2	发动机排放机外净化装置	检查发动机排放机外净化装置	外观无损伤,安装牢固
3	燃油蒸发控制装置	检查外观,检查装置是否畅通,视情更换	炭罐及管路外观无损伤、密封良好、连接可靠、装置畅通无堵塞
4	曲轴箱通风装置	检查外观,检查装置是否畅通,视情更换	炭罐及管路外观无损坏、连接可靠、密封良好、装置畅通无堵塞
5	增压器、中冷器	检查、清洁增压器、中冷器	中冷器散热片清洁,管路无老化,连接可靠,密封良好;增压器运转正常,无异响,无渗漏
6	发电机、起动机	检查、清洁发电机、起动机	发电机、起动机外表清洁,导线接头无松动,运转正常,无异响
7	发动机传动带(链)	检查空压机、水泵、发电机、空调机组和正时传动带(链)磨损及老化程度,视情调整传动带(链)松紧程度	按规定时间或里程更换传动带(链),传动带(链)无裂痕和过量磨损,表面无油污,松紧度符合规定
8	冷却装置	(1)检查散热器、水箱及管路密封; (2)检查水泵和节温器工作状况	(1)散热器、水箱及管路固定可靠,无变形、堵塞、裂纹及渗漏;箱盖接合表面良好,胶垫无老化; (2)水泵无异响,工作正常
9	火花塞、高压线	(1)检查火花塞间隙、积炭及烧蚀情况,按规定时间或里程更换火花塞; (2)检查高压线外观及连接情况,按规定里程或时间更换高压线	(1)无积炭,无严重烧蚀现象,电极间隙符合规定; (2)高压线外观无破裂,连接可靠
10	进、排气歧管,消声器,排气管	检查进、排气歧管,消声器,排气管	外观无破损、无裂痕,消声器功能良好
11	发动机总成	(1)清洁发动机外部,检查隔热层; (2)检查、校紧连接螺栓、螺母	储气筒安装牢固,密封良好,干燥器功能正常,排水阀畅通

2. WP10柴油机维护技术要求

1）汽车配套使用条件分类

汽车配套两类使用条件,如表9-1-4所示。

汽车配套两类使用条件　　　　　　　　　　　　　　　　　表9-1-4

（WG Ⅰ类）	（WG Ⅱ类）
使用条件恶劣(气候严寒或酷热、含尘量高、短距离运输,在工地使用以及公共汽车、市政工程车、扫雪车、消防车)或汽车年行驶里程不足20000km或年工作时间不足600h	年行驶里程超过20000km的各种用途商用车

2）维护周期分类

柴油机维护周期分类,如表9-1-5所示。

柴油机维护周期　　　　　　　　　　　　　　　　　表9-1-5

项目 \ 使用条件	行驶里程(时间)	WG Ⅰ	WG Ⅱ
首次强制维护	3000km(50h)	注①	注①
例行维护	10000km(200h)	注②	注③
	30000km(400h)		注②
	其中,WG Ⅱ类,每10000km(200h)到潍柴动力指定维修服务中心更换机油滤芯		

注：①首次强制维护:更换机油、机油滤芯,不更换燃油粗、精滤芯。
　　②例行维护:更换机油、机油滤芯、燃油粗滤芯、燃油精滤芯。
　　③只更换机油滤芯。

3）维护规范

柴油机维护规范,如表9-1-6所示。

柴油机维护规范　　　　　　　　　　　　　　　　　表9-1-6

柴油机维护项目	首次强制维护	例行维护
更换机油滤清器或滤芯	●	每次更换机油时
检查调整气门间隙	●	●
检查冷却液量并加足	●	●
紧固冷却管路管夹	●	
紧固进气管路、软管和凸缘连接件	●	●
检查空气滤清器维护指示灯或指示器		●
清洗空气滤清器的集尘杯(不包自动排尘式)		●
清洗空气滤清器主滤芯	当指示灯亮时	
更换空气滤清器主滤芯	参看说明书有关规定	
更换空气滤清器安全滤芯	清洗5次主滤芯以后	
检查、紧固传动带	●	●

续上表

柴油机维护项目	首次强制维护	例行维护
检查增压器轴承间隙		每隔160000km
检查、调整离合器行程	●	●
检查尿素泵滤芯	●	●
检查尿素喷嘴垫片	每次拆装喷嘴时	
清洗尿素箱及尿素箱滤芯	●	●

注：●需要维护标记。

3. 柴油机使用说明

1) 柴油机的启封

当柴油机包装箱打开以后，用户首先按出厂装箱清单清点柴油机及其附件，检查柴油机外表有无损伤，连接件是否松动等，然后再进行下述工作：

(1) 擦拭外露件的防锈层以及防蚀剂等。

(2) 放出燃油滤清器以及燃油系统零部件内部的油封油（也允许燃油系统的油封油不经放出而起动，但必须只有当燃油系统的油封油被消耗完，正常柴油已供应到时才允许发动机加负荷运行）。

注意：柴油机的油封期为一年，凡超过1年的应进行检查并采取必要的补充措施。

(3) 转动飞轮并向进气管内喷溶剂，直到驱尽汽缸内油封油为止。

(4) 向增压器进、排气孔喷溶剂，直到驱尽油封油为止。

(5) 根据厂方与用户的协约，对油底壳内未注机油的，应按规定加机油；对油底壳内已注满含有磨合促进剂机油的，建议用户行驶2000km（或运行50h）后放出旧机油换新机油。

(6) 按厂方与用户的协议，出厂时如根据用户需要，已加注满冷却液的，启封时应检查冷却液性能，如果防冻能力满足 -30℃ 或 -35℃，其 pH 值为 7~8（中性），总硬度值为 9~15°f（硬度），则可以使用这些冷却液，如果不合乎要求，则应放出，重新加注含防冻添加剂的冷却液。

2) 柴油机的起吊与安装

起吊时，应使发动机的曲轴中心线保持水平，严禁倾斜或单边起吊。起吊和落座应缓慢（图9-1-2）。

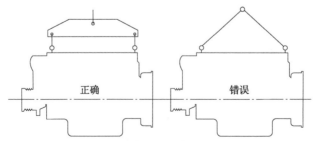

图 9-1-2　柴油机吊装图

配套安装时，应保证柴油机的曲轴中心线与传动装置（齿轮箱、变速器或发电机等）的输入轴轴线同轴，且保证曲轴不承受因为安装引起的附加轴向力。

4.燃油、机油、冷却液、尿素溶液和辅助材料

1)燃油

夏季:0号柴油(GB 252)。

冬季:一般用-10号柴油,但当柴油机使用环境温度低于-15℃时应选用-20号柴油,使用环境温度低于-30℃时,应选用-35号柴油。

所用燃油必须符合国家标准《车用压燃式、气体燃料点燃式发动机与汽车排气污染物排放限值及测量方法(中国Ⅲ、Ⅳ、Ⅵ阶段)》(GB 17691—2005)中附录C表C.6规定(2008年6月后修订)。

2)柴油机机油

柴油机机油量:24L,机油量是以油尺记号为依据(不同车型其油量稍有差异)。

润滑油的选用:为了使柴油机安全可靠的运行,应选用15W/40CF-4或5W/40CF-4级润滑油。其中15W/40CF-4可在环境温度为-15℃以上时使用,5W/40CF-4可在环境温度为-15℃以下时使用(推荐使用潍柴专用机油,第一次更换机油必须使用潍柴动力专用油)。

3)张紧轮的润滑

张紧轮的润滑应采用汽车通用锂基润滑脂(参见GB/T 5671)。

4)发动机冷却系统的防冻添加剂

采用的防冻添加剂为乙二醇,允许用国产长效防冻添加剂代用,但质量必须可靠,其具体使用方法可参照有关说明。国内可供使用的长效防冻添加剂有以下两种:

(1)JFL-336号长效防冻添加剂。

(2)FD-30号长效防冻添加剂。

需要说明的是:对于使用长效防冻添加剂的车辆,要按照有关要求进行定期更换。

防冻添加剂的计算(供参考)方法如下:

冷却液总量:40L(在装入的发动机带散热器时)。

目前防冻的检查温度:-20℃。

要求达到的最低防冻温度:-30℃。

计算方法:在横坐标上找到冷却液的总量"40L"这一点,过这点作线,找到与上述的-20℃和-30℃斜线的交点1和2(图9-1-3)。

查得:-20℃时防冻添加剂的量为13.5L。-30℃时防冻添加剂的量与-20℃时的差值为4L。

对于上述的差值4L,再按多添加50%的量进行计算,这个多添加50%的量是必要的。因为在防冻添加剂加注之前,必须放出一部分冷却液,这样一来,放出的这一部分冷却液中的防冻添加剂也同时被放出。

所以,添加的防冻添加剂的量为4L + 50% × 4L = 6L。

5)尿素溶液

不合适的尿素溶液容易造成SCR催化剂中毒失效或还原效率不足(如尿素溶液中所含的磷、钠、钾、钙元素等成分超标容易造成催化剂中毒;尿素溶液浓度不符合要求,容易导致NH_3泄漏过量或NO_x还原效率不足),导致因排放超标而出现故障灯报警现象。因此,所使用尿素溶液的质量及性能应满足ISO 22241标准中规定的内容。

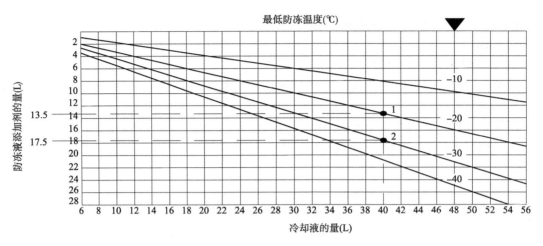

图 9-1-3 防冻添加剂计算图

6）辅助材料

辅助材料见表 9-1-7，柴油机施胶参考见表 9-1-8。

辅 助 材 料　　　　　　　　　　　　　　　　表 9-1-7

序 号	名 称	颜色	用途与应用
1	Molykotte Pulver（细钼粉）	黑色	涂在平滑的金属表面防止咬合，例如：涂在汽缸套外表面等
2	MolykotteG.u.plus（二硫化钼油剂）	深灰色	在机油压力建立之前起润滑作用，例如：涂在进气门杆上等

柴油机施胶参考　　　　　　　　　　　　　　表 9-1-8

牌 号	主要用途	施胶部位列举	补充说明
乐泰242	涂在螺纹表面固持，防止振松，中等力度	飞轮壳螺栓 凸轮轴推力片螺栓 凸轮轴正时齿轮螺栓 中间惰轮螺栓 前端盖螺栓 机油滤清器座螺栓 机油冷却器螺栓 机油冷却器调节阀的螺塞 油泵回油管固定装置的螺栓 空压机轴端螺纹 集滤器螺栓 传感器和线束固定装置的螺栓	作为可选项，可以采用 DriLoc204 螺纹预涂胶进行预涂
乐泰262	涂在螺纹外表面锁紧、密封和防止振松	汽缸盖副螺栓	
乐泰271	防松紧固	堵油孔的碗形塞	
乐泰277	用于芯子与孔之间的密封	其余的碗形塞	

续上表

牌　　号	主 要 用 途	施胶部位列举	补 充 说 明
乐泰270	用于密封缸盖顶部表面	推杆管—缸盖	
乐泰518 (510的更新产品)	起涂在光亮的金属表面密封作用	汽缸体与曲轴箱接合面 机体前面与前端盖,后端面与飞轮壳连接板 机油滤清器座与曲轴箱接合面 水泵后盖—机体前端面 飞轮壳连接板—飞轮壳 汽缸体与机油冷却器盖接合面 汽缸体与机油加油口盖板接合面	

任务实施

1．技术标准与要求

(1)试验场地须清洁、安全。

(2)严格按操作规范进行操作。如要求使用专用工具,则必须满足此项要求。

(3)以4~6人为一个试验小组,能在8h内完成此项目。

2．设备器材

(1)陕汽F3000重型载货汽车。

(2)常用、专用工具、零件架。

(3)机油、润滑脂、棉纱等辅料。

3．操作步骤

1)起动发动机

(1)起动前的准备工作。

①检查冷却液液面。如果发动机已装在汽车上或者台架上,可以通过膨胀水箱上的玻璃视孔看到冷却液液面,如冷却液不够时,可打开加液口盖加入冷却液。在打开带有卸压阀和排气按钮的加液口盖时,如果发动机处于热状态,要打开盖子就必须先按下排气按钮。切忌在发动机处于较热状态时往里加入大量冷却液,否则会因为冷热变化大而损害相关零件。如果紧急情况下没有冷却液,允许缓缓加入温度不太低的冷水,从加液口加入冷却液,直到溢出为止。起动发动机,在发动机运转情况下(1000r/min)继续将冷却液加满直到液面稳定,最后盖上加液口盖。

②检查燃油液面。如果发动机已装在汽车上,应打开电源开关,从燃油表上检查燃油液面或者检查燃油箱。

③检查发动机机油液面。机油液面应在油尺的上、下刻度线之间,必要时从机油加注口添加机油。

④检查尿素箱尿素液面。一般尿素消耗量占燃油消耗量的3%~5%(体积比),应根据

使用情况检查尿素溶液液面,应使液面保持在30%～80%,不足时应及时添加;也不能过量添加,否则将会导致尿素溢出,见图9-1-4。

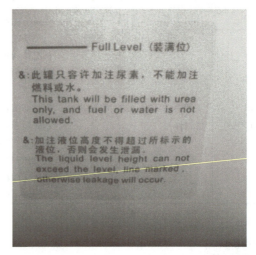

图9-1-4 尿素箱尿素液面标识

⑤检查柴油机各种附件的连接是否可靠,并排除不正常的现象。检查起动系统电路连线是否正常,蓄电池充电是否充足。然后开启燃油箱阀门,松开燃油粗滤器上的放气螺钉,用燃油粗滤器上的手压泵排除燃油系统中的空气。

(2)柴油机的起动。

①在汽车上将电源开关置于起动位置,将变速杆放在空挡位置,开始起动发动机。

②踩下离合器踏板和加速踏板,转动钥匙起动柴油机,若发动机在5～10s内起动不了,则应等1min后再重复上述起动过程。如果连续三次不能起动时,应停止操作,待找出原因并排除故障之后再进行起动。发动机起动后,要注意各仪表读数,机油压力表应立即显示压力。注意不能使冷发动机以高速运转,要先怠速运转一段时间,但怠速运转时间不能过长。

③低温条件下起动柴油机,应使用辅助起动装置,通过继电器使电子加热凸缘工作,从而实现-30℃环境下顺利起动。

(3)柴油机的运转。

①柴油机起动后,先怠速运转几分钟,然后将转速提高到1000～1200 r/min,并加上部分负荷,只有当出水温度高于60℃、机油温度高于50℃时才允许进入全负荷运转。负荷和转速的增加应逐渐进行,尽量避免突加和突卸负荷。

②柴油机在60h磨合期以内(或行驶第一个3000km),宜于在中等负荷以下工作,汽车不带拖车。

③在斜坡上行驶要及时减速,不宜在大转矩工况下长期工作。也不宜使负载太小,转速太低,因为这时容易出现窜机油等故障。

④柴油机在正常使用时,允许以额定功率和额定转速连续运转,但如果以额定转速的105%与额定功率的110%运转,则最多允许20min。柴油机在卸负荷之后应怠速运转1～2min方可停车。

⑤使用中应随时注意的参数值和检查部位:

机油主油道压力350~500kPa。

油底壳机油温度<110℃。

冷却液出口温度(80+5)℃,不得超过95℃。

涡轮后排气温度<600℃。

中冷后进气温度50~55℃。

检查排气颜色,以此鉴别喷油器的工作质量和使用负荷情况,如果烟色严重异常,应停车检查。

注意:检查柴油机有无漏水、漏气、漏油现象,如发现应停车排除。

注意:柴油机的下列工作情况。

①转矩最大时燃油消耗较低,转速增加燃油消耗上升。

②转矩在发动机中速范围(1200~1600r/min)达到最佳值。

③发动机功率随转速增加而增加,在标定转速时达到标定功率。

在寒冷环境下运转注意事项:

①燃料:按冬季室外温度不同,选用不同牌号的柴油。

②机油:按季节选择不同黏度的机油。

③冷却液:冷却系统加入防冻添加剂,随室外温度不同,选用不同的牌号和不同数量。

④起动:冬季必要时可采用辅助起动器。柴油机起动,待油压水温正常,方能加负荷高速运转。

⑤蓄电池在寒冷季节开始之前,一定检查电解液液位、黏度和单位电压,如果柴油机长期不用并处于很低的温度下,应把蓄电池取下,储存于较温暖的室内。

⑥停车:在寒冷气候下停车时,应先卸掉负荷,然后以怠速运转1~2min,待水温、油温下降后方可停车,注意停车之后有防冻添加剂的冷却液绝不允许放掉。如果冷却液中未加入防冻添加剂,则必须打开机体、机油冷却器盖、散热器、进水管等处的放水阀或水堵,放净冷却液以防止发动机冻裂。

2)柴油机日常维护

(1)检查冷却液液面、水温。

通过玻璃视孔观察冷却液液面,冷却液不够时,可打开加水口盖加入冷却液,如图9-1-5所示。

注意:打开加水口盖时,必须先按下排气按钮,以免发动机热状态时热冷却液飞溅伤人,如图9-1-6所示。

(2)检查机油液面。

当液面低于油尺的下刻线或高于油尺的上刻线时,不允许起动柴油机。

在柴油机停机后检查液面,至少等5min后进行,使机油有充分时间流回油底壳。

油尺低位至高位的油量差为3L,如图9-1-7所示。

(3)检查燃油液面。

根据仪表盘中的燃油液面指示,及时添加燃油。

(4)检查三漏。

检查柴油机外表面是否有漏水、漏气、漏油现象。

a)正确　　　　　　　　b)错误

图 9-1-5　膨胀水箱　　　　　　　　图 9-1-6　打开加水口盖

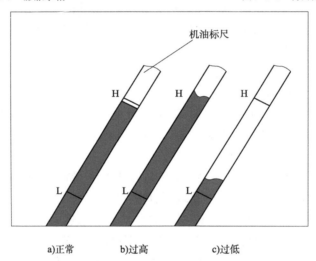

a)正常　　b)过高　　c)过低

图 9-1-7　检查机油液面

(5)检查尿素溶液液面。

应使液面保持在尿素箱总容积的 30%~80%。

(6)检查风扇。

目视检查风扇叶片有无损坏、连接螺栓是否紧固,如图 9-1-8 所示。

(7)检查传动带。

传动带通过传动带张紧轮张紧,可通过手压传动带检查传动带的松紧。

(8)检查排气颜色。

检查排气颜色是否正常,如图 9-1-9 所示。

正常排气颜色为淡灰色。颜色出现变化时,应检查原因并排除,如图 9-1-8 所示。

(9)检查转速、振动是否正常。

3)柴油机定期维护

(1)更换机油。

拧下油底壳底部的放油螺塞,将机油放净,再旋上放油螺塞。

打开加油口盖,从机油加注口(图 9-1-10)加入机油,观察油尺刻度,直至达到要求,再装上加油口盖。

注意：放油螺塞位置如图9-1-11所示。废弃油要放在指定的地点和容器里，以便回收再利用。

图9-1-8　检查风扇

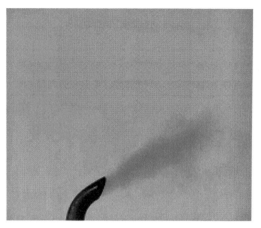

图9-1-9　检查排气颜色

图9-1-10　机油加注口

图9-1-11　放油螺塞

（2）更换机油滤清器或滤芯。

①卸下旧的机油滤清器。

②向新滤清器中注满干净的机油。

③安装新机油滤清器前在胶垫上涂抹机油。

④胶垫接触到基座后，再拧紧3/4～1圈，使其密封。

⑤起动柴油机检查是否漏油。

（3）检查、调整进、排气门间隙。

①柴油机冷车状态下，正盘车（按柴油机运转方向）到1、6缸上止点。此时，飞轮上的刻槽与观察孔盖板上的指针对齐。

②拆下缸盖上的气门摇臂罩，判断1缸或是6缸处于压缩行程（处于压缩行程的汽缸进、排气门与摇臂间都有间隙）。

③用厚薄规检查气门桥上平面与气门摇臂间的间隙。WP10柴油机要求进气门间隙0.3mm、排气门间隙0.4mm。若间隙过大或过小，可通过调整摇臂上的调整螺栓来达到上述

间隙要求。

④检查完 1 缸或 6 缸后,再正盘车 360°,使 6 缸或 1 缸处于工作行程,检查调整剩余的气门,如表 9-1-9 所示。

气门间隙调整步骤　　　　　　　　表 9-1-9

项　　　目	1 缸	2 缸	3 缸	4 缸	5 缸	6 缸
1 缸压缩行程	进、排气门	进气门	排气门	进气门	排气门	不能调整
6 缸压缩行程	不能调整	排气门	进气门	排气门	进气门	进、排气门

对于带 EVB 辅助制动装置的排气门,其间隙调整步骤如下(图 9-1-12):

①活塞位于压缩上止点位置。

②松开调节螺栓总成。

③不压紧排气门摇臂封釉平面的情况下,调整气门间隙调整螺栓 4,将总气门间隙调整为 0.4mm,将放松螺母拧紧。(注意:调整过程中应转动气门间隙调整螺钉直到将厚薄规夹住,从而保证使气门摇臂 3 活塞压到底,与排气门摇臂中的活塞孔底部平面之间无间隙)

④调整调节螺栓总成,在调整螺栓与气门桥之间插入 0.25mm 厚薄规,将放松螺母拧紧。

注意:调整过程中,应转动气门间隙调整螺钉直到将厚薄规夹住,从而保证使气门摇臂 5 活塞压到底,与排气门摇臂中的活塞孔底部平面之间无间隙。

⑤再次检查气门间隙,必要时再进行调整。

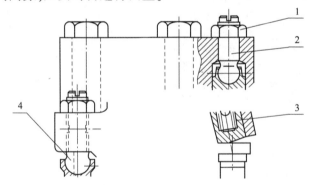

图 9-1-12　排气门及 EVB 间隙调整
1-锁止螺母;2-球头螺栓;3-气门摇臂;4-气门间隙调整螺栓

(4)更换燃油滤清器芯。

①卸下旧的燃油滤清器芯,如果安装在粗滤器上的集水器还可以再用,应将集水器取下。

②润滑封口。

③用手拧上滤清器直至封口与接口接合。

④继续用手拧滤清器直至滤清器牢固安装(大约 3/4 圈)。

⑤排气直至无气泡出现。

⑥进行泄漏试验。

当更换旋压粗滤器或对输油管进行重装时,需要对粗滤器进行排气,如图 9-1-13 所示。

①停止发动机。
②卸下放气螺钉。
③使用手泵打气,直到只有油从放气螺钉中冒出。
④重新拧紧放气螺钉。
从集水器中将水放出,如图 9-1-14 所示。
注意:当集水器已满或旋压过滤器已经替换,需要将收集到的水放出。
①打开集水器 1 底部的放油塞 2 让水排净。
②重新拧紧放油塞。

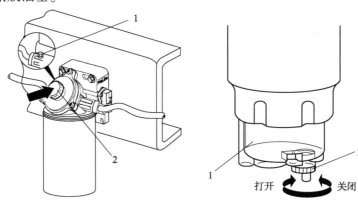

图 9-1-13　粗滤器排气
1-放气螺塞;2-手泵

图 9-1-14　集水器放水
1-集水器;2-放油塞

更换集水器,如图 9-1-15 所示。
①关闭发动机。
②从集水器中排出水。
③如果可能的话,用手将集水器的螺钉 1 卸下。如果太紧,使用新集水器中的装卸工具。
④用几滴油润滑新集水器的密封圈 2。
⑤用手将螺钉装上,用工具将它拧紧。
⑥如果集水器在一个新的旋压过滤器上使用,要检查一下有没有损伤。
⑦使用扭矩扳手安装,拧紧力矩为 20N·m。

(5)检查进气系统。
检查进气胶管是否老化有裂缝,环箍是否松动。必要时紧固或更换零件,确保进气系统密封性。

(6)检查空气滤清器滤芯。
空气滤清器滤芯检查,如图 9-1-16 所示。
柴油机最大允许进气阻力为 7kPa,柴油机必须在标定转速和全负荷运转时检查最大进气阻力,当进气阻力达到最大允许限值时,应按制造厂的规定清洁或更换滤芯,如图 9-1-17 所示。

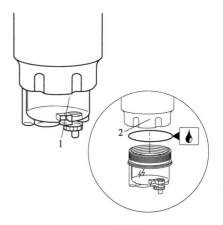

图 9-1-15　更换集水器
1-集水器螺钉;2-密封圈

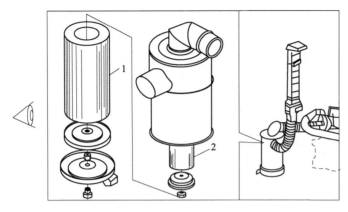
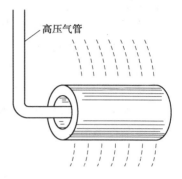

图9-1-16 检查空气滤清器滤芯　　　　　图9-1-17 空气滤清器清理
1-纸质主滤芯;2-毛毡安全滤芯

注意:不允许在没有空气滤清器时使用发动机,否则灰尘和杂质进入会导致发动机早期磨损。

从空气滤清器中拆下滤芯,轻拍端面使灰尘落下,也可用压缩空气反吹(由内向外吹)。

注意:不得吹破滤纸、不得用水和油清洗滤纸、不得用力拍打或敲打滤芯。

(7)检查尿素泵滤芯。

每次维护时,需要将尿素泵的滤芯拆下,并用清水清洗干净后进行安装。不得用力拍打或敲打滤芯。

注意:在每次更换或拆装尿素喷嘴时,需要检查尿素喷嘴的状态,如有损坏或变形,则需要更换尿素喷嘴垫片。

(8)清洗尿素箱及尿素箱滤芯。

在维护时,需要检查尿素箱及滤芯的清洁度,必要时需对其进行清洗。

任务评价

柴油机使用与维护评价,见表9-1-10。

柴油机使用与维护评价表　　　　　表9-1-10

序号	内容及要求	评分	评分标准	自评	组评	师评	得分
1	准备	10	1.进入工位前,穿好工作服,保持穿着整齐(4分); 2.准备好相关实训材料(记录本、笔)(3分); 3.检查相关配套实训资料(维修手册、使用说明书等)(3分)				
2	清洁	5	按要求清理工位,保持周边环境清洁				
3	专用设备与工具准备	5	按要求检查设备、工具数量和完好程度等				
4	根据车辆运行周期选择正确的维护内容	5	工具使用正确,操作规范,操作流程完整				

续上表

序号	内容及要求	评分	评 分 标 准	自评	组评	师评	得分
5	更换机油滤清器及机油	5	工具使用正确,操作规范,操作流程完整				
6	检查调整气门间隙	5	工具使用正确,操作规范,操作流程完整				
7	检查冷却液量并加足	5	工具使用正确,操作规范,操作流程完整				
8	紧固进气管路、软管和凸缘连接件	5	工具使用正确,操作规范,操作流程完整				
9	检查空气滤清器维护指示灯或指示器,当指示灯亮时清洗空气滤清器主滤芯	5	工具使用正确,操作规范,操作流程完整				
10	检查、紧固传动带	10	工具使用正确,操作规范,操作流程完整				
11	检查尿素泵滤芯	10	工具使用正确,操作规范,操作流程完整				
12	清洗尿素箱及尿素箱滤芯	10	工具使用正确,操作规范,操作流程完整				
13	结论	10	操作过程正确、完整,能够正确回答老师提问				
14	安全文明生产	10	结束后清洁(5分); 工量具归位(5分)				

指导教师总体评价:

指导教师_____
____年___月___日

练一练

一、单项选择题

1. 对出厂时已注满含有磨合促进剂机油的,建议用户行驶( )后放出旧机油换新机油。
  A. 1000km(或运行30h)   B. 2000km(或运行50h)
  C. 3000km(或运行60h)   D. 5000km(或运行100h)

2. 一般尿素消耗量占燃油消耗量的( )(体积比)。
  A. 1%～2%   B. 3%～5%   C. 5%～8%   D. 8%～10%

3. 润滑油主油道压力一般为( )。
  A. 150～200 kPa   B. 200～250 kPa

C. 350~500 kPa D. 500~600 kPa

4. 柴油机润滑油容量:( ),润滑油容量以油尺记号为依据。
A. 12L B. 20L C. 24L D. 28L

5. 柴油机最大允许进气阻力为7kPa,柴油机必须在( )检查最大进气阻力。
A. 怠速时 B. 快怠速时
C. 中等转速和中小负荷运转时 D. 标定转速和全负荷运转时

二、多项选择题

1. 冬季一般用( ),但当柴油机使用环境温度低于-15℃时应选用( ),使用环境温度低于-30℃时,应选用( )。
A. 0号柴油,-10号柴油,-25号柴油
B. -10号柴油,-20号柴油,-35号柴油
C. -10号柴油,-30号柴油,-35号柴油
D. -10号柴油,-30号柴油,-40号柴油

2. 检查柴油机外表面是否有( )现象。
A. 漏水 B. 漏电 C. 漏气 D. 漏油

3. 用厚薄规检查气门桥上平面与气门摇臂间的间隙。WP10柴油机要求进气门间隙( )、排气门间隙( )。
A. 0.2mm,0.25mm B. 0.3mm,0.3mm
C. 0.3mm,0.4mm D. 0.4mm,0.5mm

4. 发动机例行维护要求:( )。
A. 更换机油 B. 更换机油滤芯
C. 更换燃油粗滤芯 D. 更换精滤芯

5. WP10系列国Ⅳ柴油机均不允许使用( )级润滑油。
A. CM、CF、CE、CD、CC、CB、CA B. CM、CF、CE、CD、CC
C. CM、CF、CE、CD D. CM、CF

三、判断题

1. 冬季不可采用辅助起动器。柴油机起动后待油压、水温正常后,方能加负荷高速运转。( )

2. 打开加水口盖时,必须先按下排气按钮,以免发动机热状态时热冷却液飞溅伤人。( )

3. 不合适的尿素溶液容易造成四元催化剂中毒失效或还原效率不足。( )

4. 当集水器已满或旋压过滤器已经替换,需要将收集到的水放出。( )

5. 不允许在没有空气滤清器时使用发动机,否则灰尘和杂质进入柴油机会导致发动机早期磨损。( )

四、分析题

1. 简述柴油机的起动注意事项。
2. 如何检查调整进、排气门间隙?
3. 简述更换机油滤清器的操作过程。

模块小结

本模块主要讲述柴油机使用与维护,主要内容是发动机维护相关技术要求,WP10维护技术要求,柴油机使用说明,燃油、机油、冷却液、尿素溶液和辅助材料。通过对本模块的学习,掌握发动机起动前准备及操作,柴油机日常维护作业,柴油机定期维护作业。了解并掌握通用工具和专用工具功能和使用方法。

学习模块 10　柴油机故障诊断

模块概述

柴油机是一种复杂的热力机械,工况复杂、工作条件恶劣。因此,使用中发生故障在所难免。柴油机在规定的试验条件下和规定的时间内,不能完成其规定功能的事故称为柴油机故障。

故障发生的原因很多,其现象也很多,但往往会有某些联系。

根据故障现象,分析故障原因,进而采用有效的方法检查故障。

故障的诊断方法很多,以前诊断故障主要依靠人工凭经验诊断,现在发动机多采用电控系统,故仪器诊断故障成为主要手段。

【建议学时】

22 学时。

学习任务 10.1　柴油机常见故障及诊断

通过本任务的学习,应能:

1. 描述柴油机故障的形成机理与一般检查方法。
2. 掌握常用检测工具与设备的使用方法。
3. 会检查柴油机油路、气路、电路常见故障和传感器故障。

客户反映某重型载货汽车发动机故障指示灯点亮,发动机起动困难,动力性不足,油耗升高。到服务站检修,需要连接诊断仪读取故障代码,以确定故障点是柴油机油路、气路或是电路,并根据故障点对故障进行分析与排除。

任务准备

1)柴油机故障范畴

(1)失效。

引起柴油机立即丧失功能的破坏性故障称为失效,如柴油机烧瓦、抱缸等。

(2)性能降低。

使柴油机性能降低的故障,如柴油机无力、冒黑烟、油耗增加等。

2)柴油机故障的分类

柴油机故障可以从不同方面进行分类:

(1)按故障的性质分类。

柴油机故障按其性质,可分为本质故障、误用故障和从属故障三类。

①本质故障。

在规定使用条件下,由于柴油机及其零部件本身固有的因素或缺陷而引起的故障,称为本质故障,如柴油机缸套穴蚀、连杆断裂等。

②误用故障

不按规定条件使用或由于外界因素而引起的故障称为误用故障,如因机油不足引起烧瓦等。

③从属故障

某一故障所引起的派生故障称为从属故障,也称为相关故障,如连杆螺钉断裂引起的机体裂纹等。

(2)按故障的严重程度和造成的危害分类。

柴油机故障按其严重程度和造成的危害,可分为致命故障、严重故障、一般故障和轻度故障四类。

①致命故障

凡造成重要零件报废,导致人身伤亡或造成重大经济损失的故障称为致命故障,也称为危险性故障,如连杆螺栓断裂、机体破裂等。这类故障属一类故障。

②严重故障

凡柴油机主要性能指标超过限值,主要零件损坏或解体才能排除的故障称为严重故障,如柴油机油耗过高、活塞环断裂等。这类故障属二类故障。

③一般故障

凡柴油机需停机检修,需要更换非主要件,用随机工具即可排除的故障称为一般故障,如三漏(漏气、漏油、漏水)、盖板损坏等。这类故障属三类故障。

④轻度故障

凡一般不导致柴油机停机,不需要更换零件,用随机工具在短时间内即可排除的故障称为轻度故障。如柴油机密封部位渗漏、盖板螺钉松动等。这类故障属四类故障。

(3)按故障出现时间的快慢分类。

柴油机故障按其出现时间的快慢,可分为突发性故障和渐发性故障两类。

①突发性故障

这种故障在短时间内突然发生,不能靠早期诊断来预测,如连杆螺栓断裂、气门弹簧断裂等。

②渐发性故障

这种故障的发生有一个渐变过程,可以通过早期诊断进行预测,如缸套磨损、气门漏气等。

(4)按故障发生的部位分类。

柴油机故障按其发生部位,可分为整机性故障和零部位故障两类。

①整机性故障

整机性故障也称为综合性故障。它影响整机性能,其原因是综合性的。如起动困难、功率不足、飞车、转速不稳、压力异常、温度异常、声音异常、振动异常、突然停车等。

②零部件故障

零部件故障是指某一零件所发生的故障。如齿轮断裂、水泵泵量过小等。

(5)按故障的原因和现象分类。

柴油机故障按其原因和现象,可分为磨损性故障、错用性故障和薄弱性故障三类。

①磨损性故障

由于摩擦副磨损过大而造成的故障称为磨损性故障。这种故障是正常使用条件下,正常磨损过程中可以预料的故障。如活塞环过度磨损,造成严重漏气、功率不足等这类故障一般不会造成严重后果。

②错用性故障

在实际使用条件下,产生的载荷超过了原设计能力所造成的故障称为错用性故障。如超负荷使用柴油机造成冒黑烟、轴系断裂等。

③薄弱性故障

在实际使用条件下,产生的载荷未超过设计能力,只是设计失误造成某些薄弱环节,导致零部件丧失工作能力的故障称为薄弱性故障。这类故障多发生在新开发的机型上。一般表现为零件破损轴系及支架断裂等。

3)柴油机的故障现象

当柴油机发生故障时,一般会伴随以下现象:

(1)声音异常。

一台正常运转的柴油机,其发生的噪声有一定的规律。当出现故障时,便使声音变得异常、如活塞碰气门时出现金属敲击声、供油角过大时出现燃烧敲击声、汽缸漏气时出现吹嘘声;旋转件相碰时出现摩擦声等。

(2)外观异常。

如烧机油时出现的冒蓝烟;燃烧不良时出现的冒黑烟;密封面失效时出现的漏油、漏气等。

(3)温度异常。

如当供油角过晚或负荷过大时出现的排气温度过高;轴承烧损时出现的轴承过热;冷却系统故障时出现的水温、油温过高等。

(4)动作异常。

如当平衡失效时或基础不牢时出现振动过大;当调速失灵时出现的飞车或游车;起动系统故障时,柴油机无法起动等。

(5)压力异常。

如当气门、活塞环密封失效时出现的汽缸压力过低;曲轴箱压力过高;润滑系统故障时出现的油压过低;增压系统故障时出现的气压过低、过高等。

(6)气味异常。

如当电气系统故障时出现的焦糊味;烧机油时出现的油烟味等。

4）柴油机故障产生的原因

引起柴油机故障的原因是多方面的。有设计结构和选材不当引起的，也有加工制造和装配、调试质量欠佳引起的，也有使用操作不当和维护不良引起的。下面主要对操作、维护及加工制造等方面的原因予以简单介绍。

(1) 操作方面的原因。

由于违章操作造成的柴油机故障，在柴油机故障中占有很大比例。这其中有思想上的疏忽、技术上的不熟悉，也有错误的习惯做法。常见的违章操作有以下几个方面：

①起动时间过长。起动后未立即释放按钮、关闭开关。采用起动机起动系统时，起动机一次连续运转不得超过15s，时间过长将烧坏起动机。有时还会发生柴油机倒拖起动机现象，导致起动机超速运转而损坏。

②冷车起动。不经过暖车便快速加大负荷运转。此时，由于油温低、黏度高，致使摩擦面润滑不良，从而导致异常磨损、拉伤等故障。

③磨合不充分，便高负荷运行。新的或大修后的柴油机，特别是现场修复的柴油机，更换缸套、活塞或者活塞环等零件后，未经充分磨合，直接带高负荷运行。这样往往造成零件异常磨损，甚至出现拉缸、活塞卡滞等故障。

④带负荷急停车。停车时未经急速降温，此时摩擦面保油不足，引起再开车时因润滑不良而磨损加剧。

⑤液面不足开车。液面不足，机油量不够，造成摩擦副表面供油不足，导致异常磨损或烧伤。

⑥水面不足开车。水面不足，冷却系统易产生气阻，柴油机得不到充分冷却，会因机件过热出现拉缸等事故。

⑦超负荷或者超速运转。由于柴油机内温度过高，造成零件损坏。

⑧水温、油温不正常而继续运行。运转中水温过低、过高或油温过低、过高，都会造成零件磨损加剧。

⑨高速、高负荷运转中急停车。此时往往因应力变化大，造成不必要的故障。

⑩不预先供油便直接起动。此时往往使各摩擦表面出现干摩擦现象，造成异常磨损。

(2) 维护方面的原因。

未按照规定进行维护也容易造成故障。常见的故障原因有以下几个方面：

①添加或更换新机油不及时。这样容易造成机油量不足或机油过脏、恶化变质，而使润滑变差，造成异常磨损、烧瓦等故障。

②清洗机油滤清器不及时。这样容易造成机油滤清器阻力过大，甚至阻塞，机油从旁通阀通过，使未经滤清的脏污机油流入润滑部位，引起异常磨损或损伤。

③清洗柴油滤清器不及时。这样容易造成柴油滤清器阻力过大、供油不足，引起功率不足、转速不稳等故障。

④清洗空气滤清器不及时。这样容易造成空气滤清器阻力过大、空气量不足，引起功率不足、冒黑烟或排气温度过高等故障。

⑤检查、调整气门间隙不及时。这样容易造成气门间隙过大或过小，引起柴油机功率不足、油耗升高、排气温度过高和气门磨损加快等故障。

⑥检查、调整供油提前角不及时。这样容易造成供油角过大或过小,从而引起柴油机燃烧粗暴,甚至烧活塞或者排气温度过高等故障。

⑦检查和调整喷油器不及时。这样容易造成喷油器雾化不良或针阀卡死,引起柴油机起动困难、功率不足、排气温度过高和冒黑烟等故障。

⑧检查和向蓄电池补充电解液不及时。这样容易造成蓄电池不足,引起起动困难等。

⑨冬季柴油机停车后放水不及时。这样在各冷却部位因存有大量冷却液,容易引起水泵、机体、油冷器、中冷器、增压器等冻裂。

(3)维修中拆装方面的原因。

拆装错误也是引起柴油机故障的重要原因之一,有以下几个方面:

①活塞环安装位置不正确。活塞环开口位置未错开,扭曲环上下面装倒等部件将引起窜机油现象和窜气现象。

②喷油器垫片安装不正确。喷油器中喷油嘴伸出缸盖底平面高度有严格的尺寸要求,若因垫片漏装或多装而使该尺寸过大或过小,将引起燃烧恶化、结炭严重、功率不足、冒黑烟和因漏装垫片造成的从喷油器处漏气、烧坏缸盖等故障。

③汽缸衬垫安装不正确。汽缸衬垫多装或者漏装,将造成汽缸压力下降、漏气和活塞碰缸盖等故障。

④齿轮啮合不正确。齿轮啮合记号装错,将导致气门碰活塞,供油角太大或太小,引起燃烧恶化、冒黑烟、排气温度升高或者活塞烧损等故障。

⑤螺母安装不正确。紧固连杆螺母、缸盖螺母时,力矩不准或紧固顺序不对,将造成缸盖密封不严,甚至螺栓断裂等故障。

⑥有关配合间隙超值。当活塞和缸套配合间隙、轴和轴承间隙、齿轮啮合间隙等不符合要求时,将造成异常磨损、拉缸、烧瓦和齿轮损坏等故障。

(4)加工制造方面的原因。

这方面的原因大部分是材料用错、材料存在内在质量问题和机加工中某些部位被忽视,致使其不符合要求。该方面的缺陷在装配中很难发现,使用一段时间后才会暴露出来,从而造成零件损坏。

5)故障诊断的原则

诊断故障时,应遵循以下原则:

(1)结合原理,分析结构。

柴油机结构复杂,出现故障时,从其现象、性质看,属柴油机工作原理范畴,然后再分析是柴油机结构的哪个部件、零件引起的。如当出现增压器喘振故障时,先分析引起喘振的是中冷器、进排气道还是增压器工作不配套、不协调,然后逐渐从这三个系统的有关部分查找。

(2)由现象到本质。

当出现故障时,从现象入手,分析这些现象是由什么原因引起的。例如,出现柴油机排气温度高的现象。引起排气温度高的原因可能是供油角问题、柴油机进气不足,还可能是喷油嘴雾化不良或超负荷运转。在这些造成排气温度高的原因中,逐一排除,直到找到真正原因。

(3) 由表及里,先易后难。

引起某一故障的原因可能有多种,但其中必有一种为主要因素。这时,必须坚持由表及里,先易后难的原则。仍以上例说明,这时先了解一下是否超负荷运转,这是最简单的因素。然后再检查一下供油提前角,这也是比较容易做到的。如果仍查不出问题,就检查空气滤清器、中冷器是否脏污。如未发现问题,再检查喷油嘴的雾化情况。如仍未发现问题,就检查喷油泵喷油量的均匀性或者汽缸是否拉伤等。

6) 故障诊断的步骤

(1) 弄清故障现象。

这是诊断故障的第一步,是依据。充分运用实践经验,通过看、听、摸、嗅及有关测试仪器仪表,将故障发生时的异常现象搞清楚。同时,还要注意以下问题:

①故障前柴油机有过什么症状?
②故障前进行过哪些维修、维护?
③以前是否发生过类似故障?
④周围环境状况发生过什么变化?

(2) 定位。

在弄清故障现象的基础上,诊断故障的原因,确定故障发生在哪个部位或系统上。

(3) 检查。

通过综合分析和初步确定故障部位后,进行具体检查,以确定最后的原因和采取排除措施。

7) 故障诊断的方法

医生在给病人诊病时,可以通过望、问、闻、切和 B 超、CT 等方法。而对柴油机故障的诊断也同样可以采用各种不同的方法。有时用一种方法,有时几种方法并用。下面介绍故障诊断的几种方法:

(1) 部分停止法。

所谓部分停止法,就是当怀疑故障是某一部位引起的,即可停止该部位的工作,观察故障是否消失。如消失则证明诊断正确。例如,当怀疑柴油机冒黑烟是由某缸喷油器雾化引起,可将该缸的喷油泵柱塞撬起,停止该缸喷油器工作,此时如黑烟消失,则证明诊断正确;如此时仍有黑烟,则再停止其他缸喷油器的工作。

(2) 比较法。

所谓比较法就是比较可能造成故障的零部件。当诊断认为故障可能由某部件引起,就将该部件予以更换,然后比较更换前后故障现象。例如,柴油机油温高,认为系水泵流量不足引起,则更换一个好的水泵,如温度恢复正常,说明油温高确是水泵流量不足引起。

(3) 试探法。

这种方法是以改变局部范围的技术状态,来观察故障的变化情况。例如,怀疑汽缸压缩压力低是由于活塞缸套密封变差引起,则可向汽缸内倒入黏度较大的机油,如压缩压力增加,则证明诊断正确。再如,怀疑起动性能不好是由于水温过低引起,则可向水中通入蒸汽,将其加热,若起动性能改善,则证明分析正确。

(4) 拆检法。

对故障怀疑对象，进行拆卸检查，来分析故障的原因和部位。例如，怀疑柴油机机油消耗过大是由于某缸活塞环开口未错开，则可抽出该缸的活塞组，检查活塞环的位置。

(5) 仪器诊断法。

随着测试技术的发展，利用测试仪器来代替传统的手摸、耳听、鼻闻。按诊断手段，可分为下述三种方法：

①热工仪器检测。

这种方法是利用热工仪器对柴油机的工作参数或工作状况进行测量，从而诊断柴油机故障。

②声振仪检测。

这种方法是利用噪声测量仪、振动测量仪、扭振测量仪及其分析仪，测出柴油机某些部位噪声、振动或扭振信号，再经过信号分析处理，来诊断柴油机的故障。

③磨粒检测。

这种方法是通过对机油油样中的磨粒进行分析，来诊断柴油机故障的一种方法。

8) 故障排除

排除故障一定要根据诊断出的原因，有的放矢地排除。排除时应遵循下述原则：

(1) 尽量不停车排除。

有些故障能在不停车的情况下排除就尽量不要停车。如观察盖、接头、凸缘面处的漏油、漏水、漏气，只要在工作状态下紧固能解决，就不必非停车不可。只是当需要更换垫片时才可停车。

(2) 尽量不更换排除。

有些故障对零件进行修理便可排除，而不一定要更换新件。如缸套有不太严重的穴蚀，只要将其调转90°安装便可。喷油器雾化不良，只要将针阀和阀体用研磨膏研磨一下再仔细清洗，并用细针通一下喷孔便可，不一定更换新件。

有些属间隙变化引起的故障，只需调整一下间隙便可。例如，气门间隙及各种轴向间隙等。

属于用修理调整方法排除的故障，一般有以下方法：

①调整法。

如气门间隙变化可通过调整气门摇臂上的调节螺钉来调整个别汽缸的供油角变化，调整机油调压阀的弹簧预紧力来调整机油压力，以及调整垫件厚度调整喷油器伸出高度等。

②翻转法。

如将有不太严重穴蚀的汽缸套翻转90°，可继续使用。

③修理尺寸法。

如修理曲轴并换用新配轴承，恢复轴和轴承的配合间隙；修理缸套内孔并换用新配的活塞，恢复缸套活塞的配合间隙等。

④附加零件法。

如有的轴磨损不严重，可将该轴磨细，再加上一个轴套，使其恢复尺寸；孔磨损太大，可将孔镗大再加上一个套圈，使其恢复尺寸；当螺纹孔损坏，可将该孔加大攻丝，再加上一个有内外螺纹的螺塞，使螺孔和原螺孔相同。

⑤零件局部更换法。

如有的轴类零件某一端损坏,可将损坏段去掉,再焊上一段重新加工,使其符合要求。

⑥恢复尺寸法。

对磨损零件的磨损部位增补金属,再进行机械加工,使其恢复尺寸和精度。目前常用的方法有金属喷镀法、电镀法、焊补法、浇铸法以及用树脂铁粉粘补法等。

任务实施

1. 技术标准与要求

(1)试验场地须清洁、安全。

(2)严格按操作规范进行操作。如要求使用专用工具,则必须满足此项要求。

(3)以4~6人为一个试验小组,能在6h内完成此项目。

2. 设备器材

(1)陕汽f3000重型载货汽车。

(2)常用、专用工具、零件架。

(3)机油、润滑脂、棉纱等辅料。

3. 操作步骤

1)柴油机无法起动故障检查

(1)整车电路故障。

①钥匙开关、喷油器线束、整车线束接插件未接好或者线路短路、短路问题。

②检查接插件的安装,用万用表按照线路图检查线路的通断。

(2)油路故障检查。

低压油路的堵塞、高压油路的泄漏会导致系统压力偏低,一般会导致在行驶过程中车辆动力不足,甚至会造成熄火,在起动过程中导致无法起动或起动困难。

①常见故障代码。

A. P0251:轨压控制器正向偏差高于上限。

B. P0087:轨压低于下限。

②低压油路检查(油箱→粗滤器→齿轮泵→精滤器→高压泵的检查)。

A. 油箱清洁、无异物,通气孔无堵塞。

B. 整个管路畅通无弯折,接口牢固不漏气。

C. 滤清器上排气螺栓需按照力矩要求拧紧。

D. 及时排空分离出来的水。

E. 油泵的进油、出油、回油口连接正确无误(尤其进油与回油)。

③高压油路检查。

A. 停机状态下松开油泵出油口和回油口,打开起动机时正常情况下都有出油,出油现象可参考正常机型。

B. 如不出油或出油异常,则考虑油泵异常:油量计量单元是否卡在常闭或较小开度位置;内部油道或阀组件可能被颗粒物卡滞。

C. 如出油正常,则检查喷油器回油量。

（3）同步信号故障。

由于机械装配、传感器线束问题导致曲轴凸轮轴信号错误或无信号，无法实现同步，不能正常喷油。

①常见故障代码。

A. P0340：凸轮轴信号缺失 P0335，曲轴信号缺失。

B. P0341：凸轮轴信号错误 P0336，曲轴信号错误。

②凸轮轴、曲轴信号检查。

A. 检查传感器本身电阻（20℃时为 $860\Omega \pm 86\Omega$）。

B. 检查传感器安装位置是否到位（间隙：0.3~1.2mm）。

C. 检查传感器到 ECU 之间的线束是否有开路、短路；线束接插头检查。

③同步信号检查。

A. 检查传感器上是否有污染，导致信号失真。

B. 排除线束有无双绞或屏蔽，排除其他信号线靠近导致电磁干扰。

C. 对照发动机出厂正时图纸，确认曲轴与凸轮轴之间的相对位置关系。

D. 检查信号轮是否加工精准，信号轮是否有高度、宽度不一的情况。

④机械安装位置检查。

A. 飞轮自身安装位置：当活塞位于第一缸上止点时，传感器对应的曲轴位置到缺齿的位置角度应与出厂设计图纸一致。

B. 曲轴与凸轮轴的正时关系：当固定曲轴位置后查看凸轮轴的位置。此时，凸轮轴与曲轴的相对位置必须与设计图纸一致。

⑤示波器测量实际波形，与设计图纸所示角度进行对比。

（4）共轨管限压阀失效。

共轨管限压阀关闭不严或者处于常开位置，导致轨压无法建立，达不到系统放行轨压，喷油器不喷油，导致柴油机无法起动。

①常见故障代码。

P0089：限压阀打开。

②故障检查。

A. 检查油量计量单元是否卡在常开位置。

B. 检查轨压传感器信号是否正常。

C. 检查限压阀是否是正常，进行更换。

2）电控柴油机电器元件典型故障检查

（1）油量计量单元。

①常见故障代码。

P0251：油量计量单元开路。

油量计量阀信号开路，故障灯点亮，一般会导致起动时油轨限压阀打开，车辆进入跛行回家模式，车辆限速。

②检查思路。

A. ECU 至油量计量阀的线束是否有开路现象。

B. ECU 处接插针脚/接插头检查;计量阀处的接插针脚/接插头检查。

C. 油量计量阀本身是否失效(断开线束连接测两针脚电阻:3Ω 左右)。

(2)轨压传感器。

①常见故障代码。

A. P0193:传感器信号电压高于上限门槛值(一般为 4.64V)。

B. P0192:传感器信号电压低于下限门槛值(一般为 0.33V)。

以上这些故障代码的产生、故障灯点亮,一般会导致油轨限压阀打开,车辆进入跛行回家模式,车辆限速。

②P0193 传感器信号电压超过上限门槛值检查思路。

A. 检查传感器线束是否开路(图 10-1-1)。

B. 检查传感器信号线束是否短路到高电平。

C. 检查传感器本身是否失效。

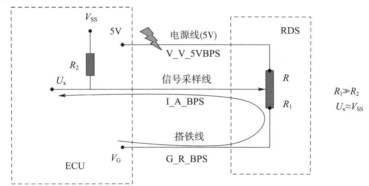

图 10-1-1　5V 供电线束开路

③P0192 传感器信号电压低于下限门槛值检查思路。

A. 检查传感器信号线束是否短路到低电平(图 10-1-2)。

B. 检查传感器本身是否失效。

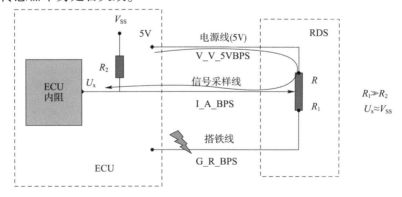

图 10-1-2　搭铁线束开路

(3)曲轴/凸轮轴位置传感器。

①常见故障代码。

A. P0335:无曲轴信号。

B. P0340:无凸轮轴信号。

C. P0336:错误的曲轴信号。

D. P0341:错误的凸轮轴信号。

②P0335/P0340 检查思路。

A. 检查传感器本身电阻(20 ℃时为860Ω±86Ω)。

B. 检查传感器安装位置是否到位(间隙:0.3~1.8mm)。

C. 检查传感器到 ECU 之间的线束是否有开路、短路;线束接插头检查。

③P0336/P0341 检查思路。

A. 检查传感器上是否有脏污,导致测量信号失真。

B. 检查有无双绞和屏蔽,排除与其他信号线靠近,导致电磁干扰。

C. 对照发动机出厂正时图纸,确认曲轴和凸轮轴之间的相对位置关系是否无误。

D. 检查信号轮加工是否精准,信号轮是否有高度、宽度不一的情况。

(4)冷却液温度传感器。

①常见故障代码。

A. P0118:发动机冷却液温度原始电压高于上限(一般为4.9V)。

B. P0117:发动机冷却液温度原始电压低于下限(一般为0.2V)。

②P0118:检查思路。

A. 检查传感器线束是否开路。

B. 检查传感器信号线束是否短路到高电平(高于4.9V)。

C. 检查传感器本身是否失效。

③P0117 检查思路。

A. 检查传感器信号线束是否短路到低电平(搭铁)。

B. 检查传感器本身是否失效。

(5)加速踏板传感器。

①常见故障代码。

A. P2135:加速踏板1/2信号偏差太大不可信。

B. P0123/P0223:加速踏板1/2信号电压值超出上限门槛值。

C. P0122/P0222:加速踏板1/2信号电压值低于上限门槛值。

出现以上这些故障代码、故障灯点亮,一般导致加速踏板失效,车辆维持一高于低怠速稳定转速运行。

②P0123/P0223 检查思路。

A. 检查踏板1/2信号线束是否与电源短路。

B. 检查踏板搭铁线是否开路,如图10-1-3所示。

C. 检查踏板本身是否损坏。

③P0122/P0222 检查思路。

A. 检查踏板5V供电线束是否开路,见图10-1-4。

B. 检查信号线束是否开路或与搭铁短路。

C. 检查信号线束是否短路到低电平(搭铁)。

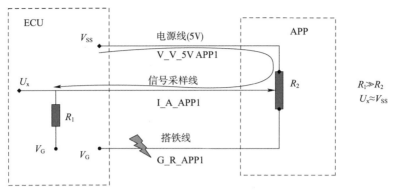

图 10-1-3　搭铁线开路，信号线 ECU 端信号电压 $U_x \approx V_{ss} = 5V$

D. 检查踏板本身是否失效。

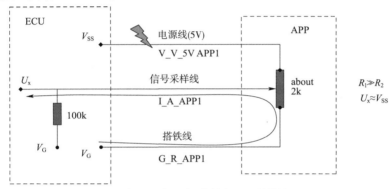

图 10-1-4　5V 供电线束开路，信号线 ECU 端信号电压 $U_x \approx 0$

④P2135 检查思路。

检查正常工作时，踏板 1 与 2 电压值是否随加速踏板开度线性变化并成 2 倍关系，如图 10-1-5 所示。

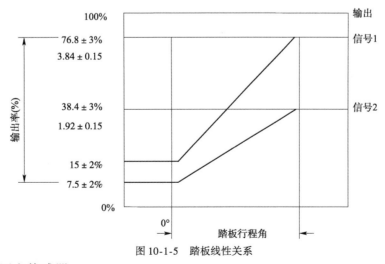

图 10-1-5　踏板线性关系

(6) 进气压力传感器。

①常见故障码。

A. P0238:传感器信号电压超过上限门槛值(一般为4.8V)。

B. P0237:传感器信号电压低于下限门槛值(一般为0.2V)。

②P0238检查思路。

A. 检查传感器信号线或搭铁线是否开路,如图10-1-6所示。

B. 检查传感器信号线是否短路到高电平(高于4.8V),如图10-1-7所示。

C. 检查传感器本身是否失效。

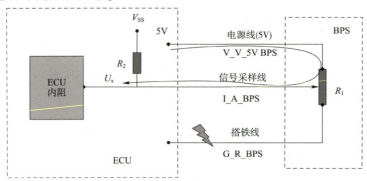

图10-1-6 搭铁线开路,信号线ECU端信号电压 $U_x \approx V_{ss} = 5V$

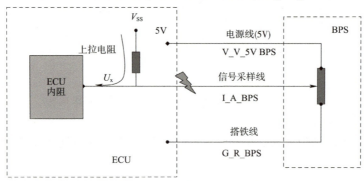

图10-1-7 信号线束开路,信号线ECU端信号电压 $U_x \approx V_{ss} = 5V$

③P0237检查思路。

A. 检查传感器供电线是否开路。

B. 检查传感器信号线束是否短路到低电平,如图10-1-8所示。

C. 检查传感器本身是否失效。

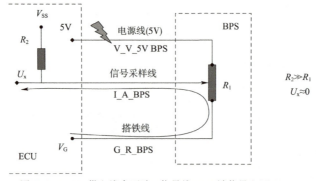

图10-1-8 5V供电线束开路,信号线ECU端信号电压 $U_x \approx 0$

 **知识拓展**

1. 发动机排气冒黑烟

电控柴油机排气冒黑烟问题相对于机械泵柴油机少得多,电控数据一般不会造成冒黑烟现象,更多原因是在柴油机机械故障,如进气不足、喷油过多。汇总起来,分为以下几个方面:

(1)柴油质量问题。

(2)进、排气管路漏气或堵塞。

(3)空气滤芯问题。

空气滤芯堵塞或者太脏是柴油机带负荷冒黑烟的重要原因,判断空气滤芯分为以下两点:

①如果柴油机平时无黑烟,也无其他异常现象,带负荷时才有黑烟冒出,负荷减小黑烟消失,一般可以认为是空气滤芯的问题。

②拆掉空气滤芯,起动柴油机工作,观察带负荷作业时柴油机烟色,如果黑烟减小,则说明需要维护或更换空气滤芯(注意:柴油机不带空气滤芯的工作时间不要超过10min,否则容易造成柴油机缸套等的不良磨损)。

(4)喷油器故障。

①喷油器喷嘴磨损、卡死在常开位置。

喷油器喷嘴工作环境恶劣,长期积炭会造成喷嘴磨损、卡滞,导致喷油雾化不良,甚至以油滴形式喷入燃烧室,造成油气混合不均匀,燃烧不充分。通过加速测试(断缸测试)判断各缸喷油器性能,判别出故障喷油器。

②喷油器安装错误。

某些柴油机喷油器的安装,有严格的安装方向,但没有特别的标记予以说明,所以就容易出现安装相差180°的问题,维修安装过程中注意参照装配规范。

(5)冷却液温度传感器故障。

①电控柴油机喷油控制有基于冷却液温度的修正,冷却液温度传感器故障导致冷却液温度较低,ECU一直按照低温条件下进行喷油,导致喷油过多,冒黑烟。

②检查传感器线束短路、开路。

③传感器本身失效。

2. 发动机排气冒白烟

柴油机排气冒白烟主要原因为:汽缸套有裂纹或汽缸垫损坏,随着冷却液温度和压力的升高,冷却液进入汽缸,排气时形成容易形成水雾或水蒸气;喷油器雾化不良,喷油压力过低,有滴油现象。在汽缸中燃油混合气不均匀,燃烧不完全,产生大量的未燃烃,排气时容易形成水雾或水蒸气。

(1)预热系统故障。

冬季冷车刚起动时,柴油机后排气管冒大量白烟,但运转一段时间后随着柴油机温度的升高白烟逐渐消失,而后正常,则说明是柴油机温度过低,无须排除。

(2)油中含水过多。

柴油机工作无力、冒白烟。可将手靠近排气管,当白烟掠过手面时有水珠,则说明汽缸内已有水进入,此时可用单缸断油法找出漏水的汽缸。检查进水原因,查明是汽缸破裂还是汽缸垫冲坏;若各缸情况一样,仍然工作无力,冒白烟,则应检查柴油中是否有水,打开燃油箱和燃油滤清器的放油螺塞,检查燃油中是否有水。

(3)发动机机械系统故障。

柴油机冒白烟时,可提高柴油机的工作温度,如在冷却液温度70℃左右时排气烟色由冒白烟转为冒黑烟,便可判断为喷油器雾化不良、滴油。通过断缸测试确认故障喷油器。

喷油时刻滞后导致柴油不能完全燃烧,动力不足,冒白烟。检查喷油正时,确认曲轴、凸轮轴齿轮啮合情况。

任务评价

柴油机常见故障及诊断评价,见表10-1-1。

柴油机常见故障及诊断评价表　　　　　　　　　　　　　　表10-1-1

序号	内容及要求	评分	评分标准	自评	组评	师评	得分
1	准备	10	1.进入工位前,穿好工作服,保持穿着整齐(4分); 2.准备好相关实训材料(记录本、笔)(3分); 3.检查相关配套实训资料(维修手册、使用说明书等)(3分)				
2	清洁	5	按要求清理工位,保持周边环境清洁				
3	专用设备与工具准备	5	按要求检查设备、工具数量和完好程度等				
4	整车电路故障	6	工具使用正确,操作规范,操作流程完整				
5	油路故障检查	6	工具使用正确,操作规范,操作流程完整				
6	同步信号故障	8	工具使用正确,操作规范,操作流程完整				
7	共轨管限压阀失效	8	工具使用正确,操作规范,操作流程完整				
8	油量计量单元	8	工具使用正确,操作规范,操作流程完整				
9	轨压传感器	8	工具使用正确,操作规范,操作流程完整				
10	曲轴/凸轮轴位置传感器、冷却液温度传感器	8	工具使用正确,操作规范,操作流程完整				
11	加速踏板传感器	8	工具使用正确,操作规范,操作流程完整				
12	结论	10	操作过程正确、完整,能够正确回答老师提问				
13	安全文明生产	10	结束后清洁(5分); 工量具归位(5分)				

指导教师总体评价:

指导教师＿＿＿＿＿＿＿＿

＿＿＿＿年＿＿＿月＿＿＿日

练一练

一、单项选择题

1. 凡柴油机主要性能指标超过限值，主要零件损坏或解体才能排除的故障称为（　　）。
   A. 致命故障　　　　　　　　　　B. 严重故障
   C. 一般故障　　　　　　　　　　D. 轻微故障

2. 如修理曲轴并换用新配轴承，恢复轴和轴承的配合间隙；修理缸套内孔并换用新配的活塞，恢复缸套活塞的配合间隙，这种修理方法称为（　　）。
   A. 附件修理法　　　　　　　　　B. 修理尺寸法
   C. 局部修理法　　　　　　　　　D. 恢复尺寸法

3. 超负荷使用柴油机造成冒黑烟、轴系断裂等故障称为（　　）。
   A. 磨损性故障　　　　　　　　　B. 错用性故障
   C. 遗留性故障　　　　　　　　　D. 薄弱性故障

4. 以改变局部范围的技术状态，来观察故障的变化情况，称为（　　）。
   A. 拆解法　　　B. 比较法　　　C. 局部停止法　　　D. 试探法

5. 电控柴油机与机械泵柴油机相比，增加了（　　），车辆故障会以故障代码形式存储于 ECU 中。
   A. 废气再循环系统　　　　　　　B. 共轨管
   C. 电控系统　　　　　　　　　　D. 后处理系统

二、多项选择题

1. 柴油机故障按其性质，可分为三类（　　）。
   A. 本质故障　　　　　　　　　　B. 误用故障
   C. 暂时故障　　　　　　　　　　D. 从属故障

2. 柴油机故障按其出现时间的快慢，可分为（　　）两类。
   A. 临时性故障　　　　　　　　　B. 突发性故障
   C. 间歇性故障　　　　　　　　　D. 渐发性故障

3. 磨粒检测是通过对机油油样中磨粒的分析，来诊断柴油机故障的一种方法。相当于通过化验人的血液诊断疾病一样。这种检测目前有下述两种形式：（　　）。
   A. 光谱分析　　　　　　　　　　B. 荧光分析
   C. 超声波分析　　　　　　　　　D. 铁谱分析

4. 故障代码维修指引，从（　　）等方面提供维修帮助。
   A. 故障原因　　　B. 故障影响　　　C. 常见原因　　　D. 检查方法

5. 故障现象维修指引，从（　　）等方面提供维修帮助。
   A. 故障原因、关联数据流、故障案例　　　B. 故障原因、故障影响、故障案例
   C. 故障原因、关联数据流、常见原因　　　D. 故障原因、关联数据流、检查方法

三、判断题

1. 故障诊断中的部分停止法，就是当怀疑故障是某一部位引起的，即可停止该部位的工

作,观察故障是否消失。（　　）

2. 对于喷嘴电磁阀故障：接插件、线束损坏,造成开路、短路等;电磁阀线圈烧毁,可以通过测量电阻进行判断。（　　）

3. 发动机排气管路必须确保无泄漏,如果发动机排气管或管接头发生漏气会导致排气压力急剧升高,增压器转速上升。（　　）

4. 磨粒检测方法是通过对机油油样中磨粒的分析,来诊断柴油机故障的一种方法。（　　）

5. 电控柴油机冒黑烟问题相对于机械泵柴油机少得多,电控数据一般不会造成冒黑烟现象,更多原因是在柴油机机械故障。（　　）

四、分析题

1. 简述柴油机发生故障时一般会出现的现象。
2. 如何检查凸轮轴、曲轴位置传感器故障?
3. 如何检查进气压力传感器故障?
4. 如何检查冷却液温度传感器故障?

学习任务10.2　发动机后处理系统故障诊断

任务目标

通过本任务的学习,应能:
1. 描述柴油机后处理系统故障现象,并分析其原因。
2. 掌握常用检测工具与设备的使用方法。
3. 会排查柴油机后处理系统主要零部件常见故障。

任务导入

国Ⅳ试装样车,尿素液位、温度显示不准确,很少的尿素时,仪表显示尿素液位100%;用EOL测得环境温度21℃时,尿素箱温度却达42℃,明显不符。尿素液位传感器没有其他故障。

这种故障一般是因为尿素箱与潍柴指定产品不符导致,但也有特殊情况,比如线路电阻值过大,ECU内阻过大或者其他电器故障。

任务准备

1. 柴油机后处理系统主要部件故障原因分析

1) 尿素泵

尿素泵的故障主要有两个方面,机械故障与电器故障。电器故障一般指12孔接插件相关的电器件故障,包括尿素泵电机、尿素压力传感器、换向阀及尿素泵加热电阻丝,故障率相对较高;机械故障指尿素泵堵塞、尿素泵内部机械件故障引起的建压失败等。

(1) 尿素泵无法正常建压。

故障现象：MIL 灯常亮；尿素泵工作一会儿后，停止转动；尿素不消耗。

可能原因：尿素进液管严重漏气；尿素进液管漏尿素；尿素进回液管接反；尿素进液管严重弯折。

（2）尿素泵温度不正常。

故障现象：MIL 灯常亮；与环境温度相差较大，后处理系统不能进入正常工作状态。

可能原因：尿素泵电源端开路；尿素泵控制端开路。

尿素泵与 ECU 相连示意图，如图 10-2-1 所示。

图 10-2-1　尿素泵与 ECU 连接示意图

（3）尿素喷射压力压降错误。

故障现象：MIL 灯常亮；尿素泵工作一段时间后，停止工作；尿素始终不喷射；后处理系统不能进入正常工作状态。

可能原因：尿素压力管路存在堵塞现象。

（4）尿素换向阀执行高端开路。

故障现象：故障灯、MIL 灯常亮，尿素不消耗。

故障机理：尿素换向阀在尿素泵 12 孔接插件内，由 EDC17 控制，它的作用是：为防止尿素溶液残留在管路和尿素泵内，每次发动机熄火后，换向阀工作，90s 内将管路内的尿素溶液倒吸回尿素箱。像这种同时报出多个故障，且在同一个接插件内，接插件出现故障的可能性较大，比如锁片松动导致退针，或者接插件进水等。

可能原因：接插件松动或退针；接插件进水；相关线束故障。

（5）SCR 尿素压力建立错误。

故障现象：每次行车几分钟到几十分钟后，故障灯、MIL 灯常亮，就会报出 441（SCR 尿素压力建立错误）的故障，尿素不消耗。

故障机理：尿素喷射前，尿素泵将尿素建立到 9bar 的压力，通过尿素泵内的压力传感器进行检测。当发动机起动之后，尿素泵多次尝试对尿素建压，如尿素压力仍达不到 9bar，就会报出此故障。此故障的导致原因一般为：尿素量过少、尿素管路接反、吸液管堵塞或漏气、压力管泄漏等，极少数是因为尿素泵故障。

可能原因：尿素量过少；吸液管接错、堵塞或漏气；压力管泄漏；尿素泵堵塞或者尿素泵机械故障。

2）尿素箱

尿素箱主要包括箱体外壳（图 10-2-2）和液位温度传感器总成（图 10-2-3），传感器较易出现故障，常见故障为：液位显示不准确、温度显示异常及故障灯常亮并报出液位温度传感器故障等。引起这类故障的原因主要是：传感器损坏，传感器接插件虚接、短路，以及相关线束故障。有时，液位温度传感器与潍柴要求电器参数不匹配（比如，客户自主采购尿素箱而没有通知潍柴技术人员）也会造成液位、温度异常，甚至报出传感器故障。

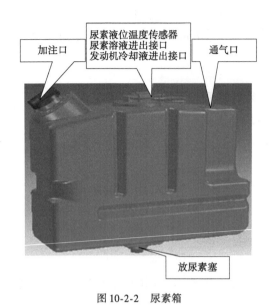

图 10-2-2 尿素箱

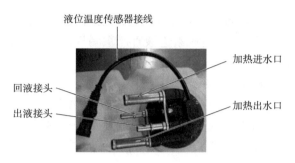

图 10-2-3 尿素箱连接

(1)尿素液位传感器电压高于上限。

故障现象:故障灯、MIL 灯常亮,报出闪码 445(尿素液位传感器电压高于上限),仪表中尿素液位的显示不准确。

故障机理:如果整车出厂前没有此故障,车辆运行一段时间后报出此故障,一般是由于传感器线束或接插件开路引起,应检查传感器接插件 1 号针脚(ECU 针脚 K57)是否出现开路、与电源短路的故障。如果不能解决,进一步检查其他针脚、线束是否有故障。

可能原因:传感器接插件或整车线束大插头退针;线束开路或虚接;K57 与电源短路;传感器损坏,或传感器参数与潍柴要求不相符。

(2)尿素液位、温度显示异常。

故障现象:尿素液位显示不准确(比如,尿素很少时,仪表显示尿素 100%),尿素温度与当前环境温度差别很大,且没有报出相关传感器故障。

故障机理:这种故障一般是由于尿素箱传感器与潍柴指定的不匹配,或者整车最近更换过尿素箱,但尿素箱内部的传感器与原车出厂前的型号不同。传感器的电器参数不同,导致数据标定不匹配,液位温度显示错误。

可能原因:客户更换了尿素箱,与原车尿素箱不同;整车厂配套时,自主采购尿素箱,但没有通知潍柴技术人员重新标定数据;传感器或相关线束被损坏,导致电器参数变化(这种可能性较小),但没有报出传感器相关故障。

3)加热部件

尿素溶液的冰点为 -11.5℃,系统在低温下工作时,尿素会结冰导致系统无法工作,因此需要对尿素箱进行解冻,尿素箱采用发动机的冷却液进行解冻和加热,加热水路的走向见图 10-2-4。

加热系统包括水加热和电加热,其中电加热由于继电器较多(加热电阻丝共有 5 个继电器,有泵到箱、泵到嘴、箱到泵、尿素泵、主加热继电器)、线束较多、加热电阻丝较多,所以故障率较高。主要表现为继电器损坏、加热电阻丝开路及线束开路、短路等,如图10-2-5所示。

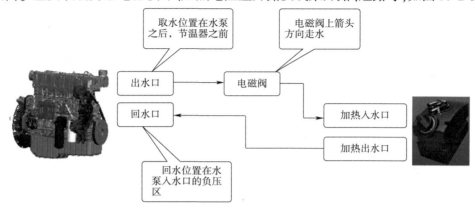

图10-2-4 加热水路的走向

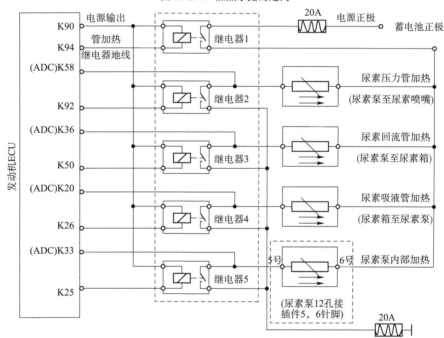

图10-2-5 加热系统电路图

加热电阻丝的故障自检:继电器1闭合(K94变为0V),其他继电器全部保持断开状态(控制针脚电压与K90电压相同,都为24V),正常情况下,K58、K36、K20、K33的电压约24V。如果测得某一根管路的电压不正常,就会报出相关管路"加热电阻丝无负载"或"加热电阻丝短路"等故障,需检查各加热电阻丝及K58、K36、K20、K33是否出现开路、短路等故障。继电器故障检测:ECU能够检测各继电器是否正确安装,如果继电器漏装、损坏或线路故障,就会报出"某尿素管路加热继电器开路、短路"等故障,这时就要检查相关继电器、线束及接插件是否正常。水加热的故障主要有:水加热电磁阀线束、接插件故障;水加热电磁阀机械故障,比如磨损、卡死等,可能会导致尿素箱加热失效、尿素箱温度过低;也有可能导致尿素箱持续加热、尿素温度过高,尿素挥发导致排放不达标;水加热管路弯曲、堵塞,管路及接口泄漏、堵塞等,会造成加热失效或冷却液泄漏。

(1)尿素箱过度加热。

尿素加热泵安装位置及管路连接,如图10-2-6所示。

 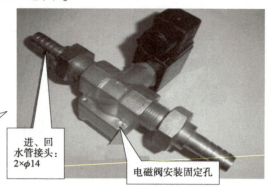

图 10-2-6　尿素加热泵

故障现象:行车一段时间后,闪码灯、MIL灯常亮,并报出446(尿素箱过度加热)故障。

故障机理:尿素箱通过发动机冷却液进行加热,由EDC17控制水加热的电磁阀。由于尿素75℃易挥发,所以尿素箱的温度不可以太高。如果水加热电磁阀不能正常关闭,导致发动机冷却液一直对尿素箱加热,就可能导致尿素箱温度过高,并报出此故障;其他导致尿素箱温度高的原因,也会报出此故障。

可能原因:尿素箱水加热电磁阀卡死,处于常开状态;尿素箱温度传感器故障。

(2)尿素管加热继电器开路。

故障现象:故障灯、MIL灯常亮,并报出尿素加热主继电器、尿素管路加热继电器、尿素泵加热继电器开路的故障。

故障机理:继电器1是"尿素加热主继电器",继电器2、3、4是"尿素管路加热继电器",继电器5是"尿素泵加热继电器",如果以上继电器漏装或线路损坏,就会报出开路的故障。

可能原因:继电器漏装;继电器相关线束、接插件故障。

(3)尿素管加热电阻丝开路。

故障现象:故障灯、MIL灯常亮,并报出尿素管加热电阻丝、尿素泵加热电阻丝开路的故障。

故障机理:如果尿素管路、尿素泵仅仅接了加热继电器,而没有连接加热电阻丝,或者电阻丝没有完全按照针脚图要求连接,ECU也能够检测出此故障。

可能原因:加热电阻丝漏接;K58、K36、K20、K33没有按照针脚图接线,或者有开路的故障;其他接线没有完全按照针脚图接线要求。

4)尿素喷嘴

喷嘴的结构相对简单,所以涉及的故障也比较典型,主要有:喷嘴电磁阀故障,接插件、线束损坏,造成开路、短路等;电磁阀线圈烧毁,可以通过测量电阻进行判断。喷嘴机械故障,由于添加的尿素质量差,或者喷嘴老化,造成尿素喷嘴磨损(往往会造成尿素消耗高);由于尿素结晶或其他颗粒物质进入,导致喷嘴堵塞,或由于其他原因,造成喷嘴变形、断裂等。以上凡是会影响尿素喷射及排放的故障,都有可能限制发动机转矩。

(1)尿素喷嘴驱动高端对电源短路。

故障现象:故障灯、MIL 灯常亮,并报出 453(SCR 尿素喷嘴驱动高端对电源短路)的故障。

故障机理:尿素喷嘴电磁阀有两个针脚,K09、K10 对应接插件编号 2、1,K10 指电磁阀的驱动高端,K09 驱动低端。此故障指的就是 K10 针脚与电源短路,应检查 K10 接插件及线束。

可能原因:接插件故障,导致 K10 电源短路;K10 相关线束故障,导致与外部电源短路。

(2)尿素消耗量较大。

故障现象:客户反映,尿素消耗量偏高,与燃油消耗比远大于 1/20。没有他其他相关故障。

故障机理:如果没有报故障,则说明后处理系统的线束、电器件等基本正常。可能出现的原因就是:尿素管路泄漏、尿素泵泄漏、尿素箱泄漏等,还有就是尿素喷嘴磨损,导致尿素从喷嘴处泄漏。

可能原因:管路及相关电器件出现尿素泄漏;喷嘴磨损,导致尿素喷射量增加。

5)SCR 转换效率及排气管故障

SCR 箱内有载体和催化剂,如果发生故障可能会造成排放不达标、限制发动机转矩等。主要有以下几类:催化剂失效,由于 SCR 箱被撞击,或者被其他物质污染覆盖(比如黑烟中的颗粒),造成催化还原效率降低,最终造成排放不达标,限制发动机转矩;SCR 箱堵塞,SCR 箱变形或因其他原因堵塞,造成排气背压高,严重者会出现冒黑烟、发动机转速抖动、动力不足等故障,同时排放也会受到影响排气管被腐蚀,由于尿素溶液具有腐蚀性,所以要求排气管使用不锈钢材料,且内表面光滑,尽可能减少排气管焊接口。如果排气管不能满足以上要求,就有可能造成尿素在排气管上残留、腐蚀,造成排气管损坏。

(1)排气管生锈、腐蚀。

故障现象:排气管约 1 个月就腐蚀坏掉,更换排气管后仍然如此。

故障机理:尿素溶液有很强的腐蚀性,所以喷嘴下游排气管的加工要求是,材料为不锈钢,内表面非常光滑,且不允许有焊接痕迹,减少管路接口。如果达不到以上要求,就容易造成尿素残留,腐蚀排气管。

可能原因:排气管材料问题,抗腐蚀性差;排气管内表面不光滑,造成尿素残留结晶;排气管内部有焊接痕迹;排气管连接口较多。

(2)SCR 箱实际平均转换效率低于阈值1(阈值2)。

故障现象:故障灯、MIL 灯常亮,尿素喷射正常,没有其他相关故障。

故障机理:这两个故障是指尾气中 NO_x 浓度较大,已经超出了国Ⅳ法规要求。如不及时修复,就会导致发动机转矩限制。

可能原因:发动机原始排放劣化:后处理系统上游,从增压器出来后的尾气的排放太差;SCR 箱劣化,导致转换效率低;尿素喷射量误差大,实际喷射量比设定值少;油品不好。

6)尿素管路故障

后处理系统共包括 3 段尿素管路,最容易出现 3 类故障:管路堵塞、管路泄漏及管路弯折。管路堵塞:一般由于尿素结晶或者尿素质量差引起,会影响尿素喷射和建压,造成排放不达标；管路泄漏：原因主要两点，管路接口型号不符或者接口密封不好，导致尿素泄漏；管路老化或磨损，造成尿素泄漏。管路弯折：管路弯折会造成尿素建压失败或者喷射故障，导致排放不达标。

(1) SCR 尿素压力建立错误。

故障现象：故障灯、MIL 灯常亮，NO_x 排放超标，尿素不能正常喷射。

故障机理：当排气管温度达到建压的最低温度时，尿素泵就开始尝试建压，并检测所有尿素管路及尿素泵、喷嘴是否存在泄漏或堵塞的故障。如果长时间尿素压力达不到 9bar，ECU 就怀疑有尿素泄漏，并报出此故障，后处理系统停止工作。

可能原因：尿素管路接错，或吸液管有尿素泄漏；压力管有泄漏；尿素泵故障。

(2) 上次驾驶循环 SCR 未排空。

故障现象：T15 上电后，故障灯、闪码灯常亮，并报出 447（上次驾驶循环未排空）故障。

故障机理：为防止尿素残留在管路和泵内结晶，造成堵塞或对尿素泵造成损坏，要求驾驶员熄火后，90s 内不得切断整车电源。在这 90s 内，尿素泵继续工作，将管路、尿素泵内的尿素倒吸回尿素箱。如果驾驶员没有按照要求操作，比如过早关闭整车开关，就会导致此故障。

可能原因：驾驶员违规操作。

7) 后处理相关传感器故障

这里的传感器主要指上游排气温度传感器、环境温度传感器和 NO_x 传感器。

上游排气温度传感器和环境温度传感器：主要有两类故障，一类是传感器电压信号高于上限或者低于下限，高于上限一般是由于线束、接插件开路或与电源短路引起，低于下限一般是线束、接插件与搭铁短路引起；另一类是温度示数不准，这时候就要考虑传感器安装是否到位，安装位置是否合适，或者传感器是否损坏。环境温度传感器有故障时，会影响尿素的加热功能，造成尿素结晶、尿素泵堵塞等，上游排气温度传感器出现故障时，会造成尿素喷射控制失效，尾气排放不达标等。总之，所有造成排放不达标的故障，如果不及时修复，都将导致转矩限制。NO_x 传感器出现故障时，测得的氮氧浓度无法经过 AT101 报文发送给 EDC17，就会报出"AT101 报文超时的故障"，一般主要是由于接线问题引起：NO_x 传感器有 4 根线连接整车线束，分别为电源正、电源负、通信 CAN 低、通信 CAN 高，应检查这四根线束及插件的电压是否正常，线束、接插件是否有开路、短路等故障。在保证线束、接插件没有故障的前提下，可以怀疑 NO_x 传感器是否损坏，尝试更换 NO_x 传感器进行确认。

(1) SCR 催化剂上游温度传感器电压信号高于上限。

故障现象：故障灯、闪码灯常亮，报出 SCR 催化剂上游温度传感器电压信号高于上限故障，使用 EOL 测量上游排气温度，示数明显不准确，且不变化。

故障机理：上游排气温度传感器及相关线路、接插件故障，导致传感器开路。当检测到此故障时，EOL 测得的上游排气温度为默认值。

可能原因：上游排气温度传感器接插件、线路开路；传感器老化、损坏；传感器 ECU 大插头线路故障，导致传感器开路。

(2) 环境温度信号不可信。

故障现象：车辆运行一段时间后，故障灯、闪码灯常亮，并报出 235（环境温度信号不可信）的故障。

故障机理:环境温度用来表示当前的大气温度,如果ECU检测环境温度明显不符,比如过高或者过低,就会报出此故障。此故障的原因一般为:环境温度传感器安装位置错误(比如装在发动机舱内、离热源太近)、传感器线路电阻异常、传感器本身故障。

可能原因:环境温度传感器的安装位置错误;传感器的线路电阻太大;环境温度传感器损坏。

(3) CAN接受帧AT101超时错误。

故障现象:闪码灯、MIL灯常亮,并报出421(CAN接受帧AT101超时错误)故障。

故障机理:氮氧浓度传感器测得NO_x浓度后,不断地将测量结果通过CAN总线中的AT101报文发送给ECU,如果ECU接收不到AT101报文,就会报出此故障。

可能原因:氮氧传感器接线故障,导致AT101没有发送出去;氮氧传感器损坏;CAN总线网络故障。

2. SCR系统故障分析总结

SCR系统不工作时一般有以下几种情况:

(1) 尿素管路漏气、结晶堵塞。
(2) 尿素管接头松动、存在漏气情况,但不漏尿素。
(3) 尿素喷射管路和回流管路接反。
(4) 尿素泵线束接插件存在短接、断接、接错等情况。
(5) SCR系统在整车放置不合理,导致尿素管路有弯折或者线路进水短路的情况。
(6) 排气温度传感器没接或者断接,或者接错。
(7) 尿素箱温度传感器异常,导致SCR系统处于停止状态。
(8) ECU或ECU线束有问题,ECU接插件或传感器接插件退针问题。
(9) 尿素加热电阻丝熔断器烧坏,报出加热相关的故障。
(10) 喷嘴、排气温度传感器、尿素液位传感器故障。

任务实施

1. 尿素泵

1) 尿素泵无法正常建压

检查尿素吸液管是否接插牢靠,吸液管与回液管是否接反。

2) 尿素泵温度不正常

检查尿素泵针脚情况,检查尿素泵端接插件端子插入是否较短或虚插。

3) 尿素喷射压力压降错误

拆下尿素管,用水进行冲洗,故障解决,在装配过程中注意不要弯折等。

4) 尿素换向阀执行高端开路

检查尿素泵接插件,检查接插件内个别针脚是否退针。

5) SCR尿素压力建立错误

(1) 检查尿素液位是否足量。
(2) 检查尿素管路是否接错、接反。
(3) 检查吸液管是否弯折、堵塞。

(4)检查吸液管、压力管是否存在泄漏的痕迹。

(5)以上检查未见异常后,检查尿素泵接口是否有明显堵塞现象。

2.尿素箱

1)尿素液位传感器电压高于上限

(1)从简单入手,检查故障率最高的地方:传感器接插件和线束。

(2)拔下传感器接插件后,查看针脚。

(3)重新固定插针。

2)尿素液位、温度显示异常

(1)检查尿素箱及传感器,核实与原车尿素箱是否相同。

(2)检查尿素箱是否属于不同厂家。

(3)尿素液位、温度显示异常。

(4)如果针脚内阻都为3.675kΩ,则为新ECU,需要检查数据是否与新ECU相符。

3.加热部件

1)尿素箱过度加热

(1)检查尿素箱的实际温度,确定温度传感器的真实性。

(2)检查尿素箱水加热电磁阀,检查开关状态。

2)尿素管加热继电器开路

(1)检查第5个继电器(尿素箱加热继电器)安装情况。

(2)将第5个继电器正确安装。

3)尿素管加热电阻丝开路

(1)检查电阻丝是否安装。

(2)正确连接电阻丝,保证K58、K36、K20、K33连接正确。

4.尿素喷嘴

1)尿素喷嘴驱动高端对电源短路

(1)检查喷嘴接插件,是否损坏或短路。

(2)测量K10针脚电压。

(3)检查整车线束大插头。

2)尿素消耗量较大

(1)检查尿素箱、尿素泵、尿素管路等是否有尿素泄漏的痕迹。

(2)如果没有尿素泄漏,就起动车辆,使车辆保持较高功率运行,使排气温度达到尿素泵建压的最低温度200℃,EOL检测尿素泵压力直到稳定在9bar左右。

(3)发动机不要熄火,保持发动机继续怠速运行。

(4)将尿素喷嘴取出排气管,观察喷嘴是否有泄漏情况。

5.SCR转换效率及排气管故障

1)排气管生锈、腐蚀

(1)检查排气管是否符合加工安装要求。

(2)检查排气管是否为普通铁制作,加工是否粗糙。

(3)如果不符合要求,更换符合标准的排气管。

2) SCR 箱实际平均转换效率低于阈值1(阈值2)
(1) 首先检查、判断发动机原始排放是否严重恶化,比如严重冒黑烟等。
(2) 检验油品是否合格。
(3) 检查尿素喷嘴是否堵塞、泄漏,导致喷射量控制不准。
(4) 检查 SCR 箱是否老化或结晶,是否被炭烟覆盖、堵塞等。

6. 尿素管路故障

1) SCR 尿素压力建立错误
(1) 检查吸液管是否有接错、泄漏、弯折的地方。
(2) 检查压力管是否泄漏。
(3) 检查压力管与尿素泵接口密封情况。

2) 上次驾驶循环 SCR 未排空
(1) 询问驾驶员上次驾驶熄火后,是否等到90s后才关闭整车开关。
(2) 驾驶员关闭整车开关过早,没有达到90s。
(3) 再次起动,下次驾驶循环熄火后,驾驶员正确操作等待 90s 后再关闭整车电源。

7. 后处理相关传感器故障

1) SCR 催化剂上游温度传感器电压信号高于上限

(1) 检查上游排气温度传感器接插件。
(2) 检查传感器线束是否正常导通。

2) 环境温度信号不可信
(1) 检查环境温度传感器安装位置是否符合要求。
(2) 检查传感器是否靠近热源。
(3) 按照要求,调整环境温度传感器安装位置。

3) CAN 接受帧 AT101 超时错误

检查氮氧传感器中4根针脚电压(1、2、3、4号针脚应分别为24V、0V、2.2V、2.8V),判断是否存在接错、开路、短路等故障,如图10-2-7所示。

NO_x传感器接插件号	针脚定义
1	电源正(+24V)
2	电源负(0V)
3	通信CAN总线低
4	通信CAN总线高

图 10-2-7 NO_x 传感器总成

任务评价

发动机后处理系统故障诊断评价,见表10-2-1。

发动机后处理系统故障诊断评价表　　表10-2-1

序号	内容及要求	评分	评分标准	自评	组评	师评	得分
1	准备	10	1. 进入工位前,穿好工作服,保持穿着整齐(4分); 2. 准备好相关实训材料(记录本、笔)(3分); 3. 检查相关配套实训资料(维修手册、使用说明书等)(3分)				

续上表

序号	内容及要求	评分	评分标准	自评	组评	师评	得分
2	清洁	5	按要求清理工位,保持周边环境清洁				
3	专用设备与工具准备	5	按要求检查设备、工具数量和完好程度等				
4	尿素泵故障排除	8	工具使用正确,操作规范,操作流程完整				
5	尿素箱故障排除	8	工具使用正确,操作规范,操作流程完整				
6	加热部件故障排除	8	工具使用正确,操作规范,操作流程完整				
7	尿素喷嘴故障排除	8	工具使用正确,操作规范,操作流程完整				
8	SCR转换效率及排气管故障排除	8	工具使用正确,操作规范,操作流程完整				
9	尿素管路故障排除	10	工具使用正确,操作规范,操作流程完整				
10	后处理相关传感器故障排除	10	工具使用正确,操作规范,操作流程完整				
11	结论	10	操作过程正确、完整,能够正确回答老师提问				
12	安全文明生产	10	结束后清洁(5分); 工量具归位(5分)				

指导教师总体评价:

指导教师_____
____年___月___日

练一练

一、单项选择题

1. 尿素泵温度不正常,可能原因是(　　)。
　　A. 尿素泵电源端开路;尿素泵控制端开路
　　B. 尿素泵电源端闭路;尿素泵控制端闭路
　　C. 尿素泵电源端闭路;尿素泵控制端开路
　　D. 尿素泵电源端闭路;尿素泵控制端闭路

2. 后处理相关传感器故障主要指(　　)排气温度传感器、环境温度传感器和 NO_x 传感器。
　　A. 下游　　　　　　B. 上游　　　　　　C. 中间　　　　　　D. 进气管

3. SCR尿素压力建立错误时(　　)。
　　A. 尿素正常消耗　　　　　　B. 尿素加速消耗
　　C. 尿素不消耗　　　　　　　D. 尿素减速消耗

4. 尿素喷射前,尿素泵将尿素建立到(　　)的压力。
　　A. 0.3MPa　　　B. 0.6MPa　　　C. 0.9MPa　　　D. 0MPa

5. 由于添加的尿素质量差造成尿素(　　　)。
   A. 尿素电机故障　　　　　　　　　B. 发动机故障
   C. 喷嘴电器故障　　　　　　　　　D. 喷嘴机械故障

二、多项选择题
1. 尿素泵的故障主要有两个方面(　　　)。
   A. 腐蚀故障　　　B. 机械故障　　　C. 电器故障　　　D. 尿素蒸发故障
2. 尿素泵电器故障一般指相关的电器件故障,包括(　　　)。
   A. 尿素泵加热电阻丝　　　　　　　B. 尿素泵电机
   C. 尿素压力传感器　　　　　　　　D. 换向阀
3. 尿素泵机械故障指(　　　)引起的建压失败等。
   A. 尿素泵堵塞　　　　　　　　　　B. 尿素失效
   C. 尿素泵内部机械件故障　　　　　D. 尿素加热丝故障
4. 尿素箱常见故障为(　　　)等。
   A. 液位显示不准确
   B. 温度显示异常
   C. 故障灯常亮并报出液位温度传感器故障
   D. 排气温度传感器故障
5. 尿素消耗量较大可能原因是(　　　)。
   A. 管路及相关电器件出现尿素泄漏　　B. 喷嘴磨损,导致尿素喷射量增加
   C. 尿素蒸发　　　　　　　　　　　　D. 尿素泵泵压大

三、判断题
1. 尿素泵无法正常建压故障现象:MIL灯常亮;尿素泵工作一会儿后,就停止转动;尿素消耗增加。　　　　　　　　　　　　　　　　　　　　　　　　　　　　(　　)
2. 尿素喷射压力压降错误可能原因:尿素压力管路存在泄漏现象。　　(　　)
3. 尿素箱常见故障为:液位显示不准确,温度显示异常,以及故障灯常亮并报出液位温度传感器故障等。　　　　　　　　　　　　　　　　　　　(　　)
4. SCR箱内有载体和催化剂,如果发生故障可能会造成排放不达标,限制发动机转矩等。　　　　　　　　　　　　　　　　　　　　　　　　　　　　　(　　)
5. 上次驾驶循环SCR排空可能原因:驾驶员违规操作。　　　　　　　(　　)

四、分析题
1. 尿素箱常见故障及原因是什么?
2. 简述尿素喷嘴故障与排查步骤。
3. 简述SCR转换效率及排气管故障。

学习任务10.3　潍柴智多星诊断设备应用

任务目标

通过本任务的学习,应能:

1. 了解柴油机诊断软件的功能和使用条件。
2. 掌握柴油机诊断软件的使用方法。
3. 根据诊断结果排查相应故障。

客户反映某重型载货汽车发动机故障指示灯点亮,但未感觉到对发动机动力性与经济型有何影响。到服务站检修,连接诊断仪发现故障代码"进气加热继电器驱动无负载"。进一步检查,发现进气加热继电器线圈电阻无穷大,进气加热继电器损坏。客户反映该重型载货汽车工作区域温度常年在零摄氏度以上,无需进气预热,要求能否屏蔽该故障。现需要用潍柴智多星诊断设备进行整车功能标定,屏蔽故障代码。

1)软件的安装及使用
(1)软件版本介绍。
电脑版软件:V2.10 版、Android 版软件:V1.11 版。
(2)软件及新版本获取方式。
①当地办事处。
②通过智多星软件的检查更新功能下载。
(3)电脑要求。
①WiFi 功能完好(可以无线上网)。
②屏幕分辨率高于 1024×768。
③Win7 专业版以上操作系统或 Win8 操作系统。
(4)软件安装。
V2.10 版软件解压缩后有如下文件:潍柴智多星.exe、安装环境文件夹、使用说明.ppt。
①鼠标双击"潍柴智多星.exe"安装。
②如不能启动智多星软件,应安装环境文件夹中的 dotNetFx40_x86_x64.exe。
③安装后智多星软件仍无法启动,说明操作系统部分损坏,需重装电脑操作系统。
(5)软件登录及用户注册。
①用户登录。
用户名:admin、登录密码:admin。
②注册。
将电脑连接网络,在系统配置页面中适配器型号选择潍柴智多星;在协议号框中填写服务站的签约协议号、适配器 SSID 号填写标贴上的 SSID。点击注册按钮完成注册。
(6)智多星的连接。
①将智多星硬件与汽车 OBD16 接口连接,此时红色电源指示灯亮。
②电脑连接智多星 Wifi 热点。
点击电脑右下角无线网络连接图标,在无线网络连接中选择与智多星 SSID 相同名称的网络热点并连接,见图 10-3-1,连接时密码为 SSID 后五位。如 SSID 为 diag200162,则密码

为:00162。

③检查 IP 设置。

A. 点击电脑右下角网络连接图标,打开网络和共享中心,见图 10-3-2,点击"更改适配器设置"。

图 10-3-1　智多星 Wifi 热点

图 10-3-2　网络和共享中心

B. 鼠标右键点击与智多星 SSID 同名的网络,选择属性(图 10-3-3),在弹出的"无线网络连接状态"界面(图 10-3-4)中点击属性。

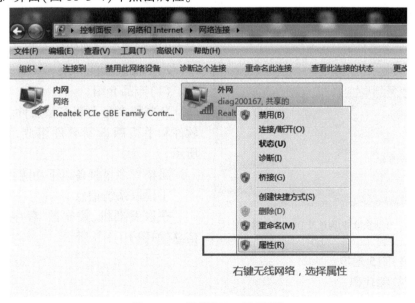

图 10-3-3　智多星 SSID 同名网络

C. 在弹出的"无线网络连接 属性"界面(图 10-3-5)中选中 Internet 协议版本 4 (TCP/IPv4),然后再点击"属性"按钮。

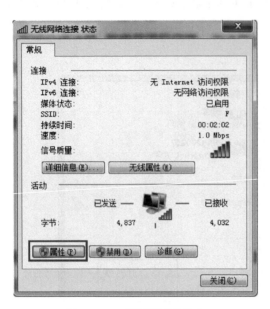

图 10-3-4　无线网络连接状态

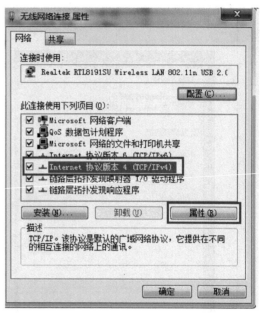

图 10-3-5　Internet 协议版本 4(TCP/IPv4)

D. 在弹出的对话框(图 10-3-6)中选择自动获得 IP 地址及 DNS 服务器地址。

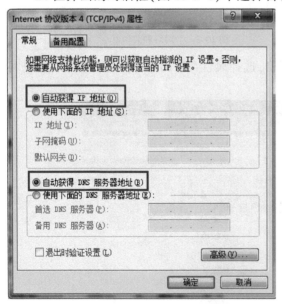

图 10-3-6　自动获得 IP 地址及 DNS 服务器地址

E. 连接发动机控制器。

进入控制器界面(以国 IV 柴油机为例),点击首页"柴油机控制器",选中"潍柴国 IV"进入,见图 10-3-7,点击"连接控制器"完成连接。

说明:如电脑已连接了智多星,可以不点击"连接智多星按钮"。

2)产品及功能介绍

(1)产品介绍。

潍柴智多星由智多星硬件、电脑版诊断软件和手机版诊断软件组成,如图 10-3-8 所示。

潍柴智多星具备以下功能:

①读取系统信息。

获取发动机、控制器、程序数据等版本信息,如图 10-3-9 所示。

检测条件:T15 通电。

②读、清故障代码。

读、清故障代码,如图 10-3-10 所示。

学习模块10 柴油机故障诊断

图10-3-7 连接发动机控制器

通过读出发动机故障代码,根据其描述可以快速定位故障原因。

故障维修完成后,必须清除ECU存储的故障代码,可根据清除后一段时间内故障代码是否复现来判断故障是否排除。

检测条件:T15通电,潍柴自主WISE清故障代码时,发动机转速需为0。

③读数据流。

读数据流,如图10-3-11所示。

支持文字及曲线显示;支持数据流存储及回放;展示发动机当前的工况信息,用于分析定位发动机故障。

电脑版软件

潍柴智多星硬件

图10-3-8 潍柴智多星软、硬件组成

检测条件:T15通电,数据流存储文件需使用Excel 2007打开。

④执行器测试。

执行器测试,如图10-3-12所示。

控制发动机执行器件的开、关或按使发动机工作在某个特定工况下,用来判断该执行部件是否存在故障或协助维修。

检测条件:T15通电,潍柴国Ⅳ发动机测试时,需保证发动机转速为0。

⑤整车功能标定。

整车功能标定,如图10-3-13所示。

根据车辆具体情况打开或关闭发动机的某项功能,也可用来屏蔽该功能或器件存在的故障,使其不影响发动机运行。

检测条件:T15通电,发动机转速为0。

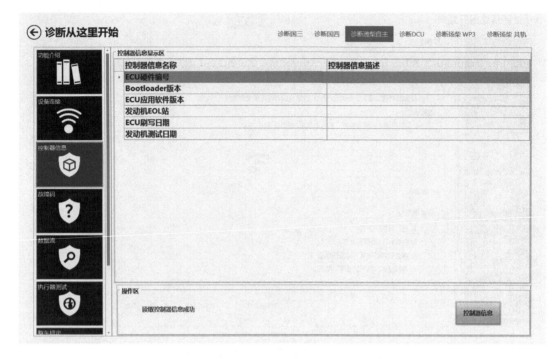

图 10-3-9 读取系统信息

图 10-3-10 读、清故障代码

学习模块10　柴油机故障诊断

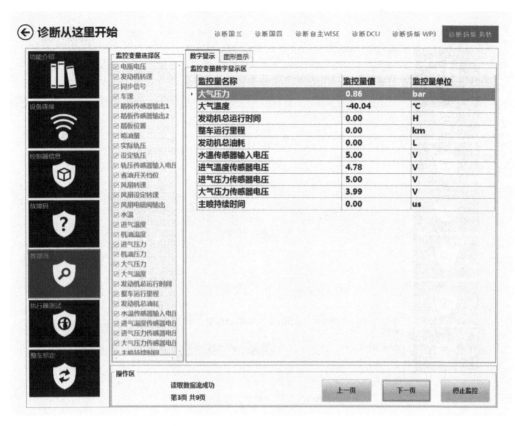

图 10-3-11　读数据流

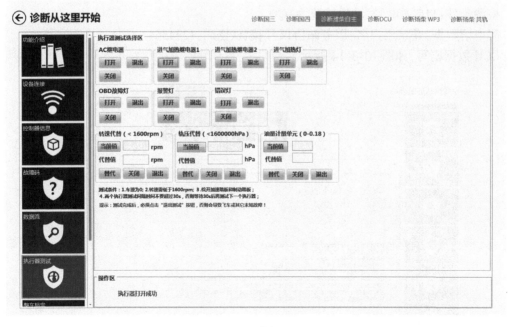

图 10-3-12　执行器测试

图 10-3-13　整车功能标定

⑥ECU 数据刷写。

更换 ECU 或升级数据时用来更新 ECU 内部的程序。

检测条件：T15 通电，发动机转速为 0。

需申请数据；登录用户名：服务站协议号；默认密码：123456。

ECU 数据刷写，如图 10-3-14 所示。

图 10-3-14　ECU 数据刷写

⑦维修指引。

维修指引,如图 10-3-15 所示。

图 10-3-15　维修指引

故障码维修指引:从故障原因、故障影响、常见原因、排查方法等方面提供维修帮助。

故障现象维修指引:从故障原因、关联数据流、故障案例等方面提供维修帮助。可查阅常用维修资料,如表 10-3-1 所示。

潍柴智多星可测试的电控系统　　　　　　　　表 10-3-1

发动机种类	电控系统名称
潍柴国Ⅲ柴油机	EDC7
潍柴国Ⅳ、国Ⅴ柴油机	EDC17
潍柴国Ⅴ柴油机	WISE + DCU
潍柴天然气发动机	EGC4
潍柴天然气发动机	WOODWARD OH6
潍柴天然气发动机	WNG
扬柴动力 WP3 发动机	EDC17
扬柴动力 485/490/4102/4105/4108 发动机	EDC17

(2)常见问题及解决方法。

问题一:软件安装后无法运行,提示需安装.net4.0。

解决方法:

①安装 dotNetFx40_Full_x86_x64.exe。

②安装后智多星软件仍无法启动,说明操作系统部分损坏,需重装电脑操作系统。

问题二:电脑找不到智多星热点。

解决方法:

①检查电脑能否搜索到其他热点,如搜索不到应维修电脑无线网卡。

②使用其他电脑或手机搜索智多星热点,如搜索不到,则智多星损坏。

③检查电脑操作系统是否为 Win7 专业版或以上版本,如不是,应更新电脑操作系统。

问题三:无线连接智多星热点时提示密码输入错误。

解决方法:

①使用其他电脑或手机搜索到智多星热点,并输入密码,如仍提示密码错误,则智多星损坏。

②检查电脑操作系统是否为 Win7 专业版或以上版本,如不是应更新电脑操作系统。

问题四:界面显示不全,看不到操作按钮。

解决方法:

将电脑设置为 1024×768 以上的显示分辨率后重新运行软件。

问题五:电脑能连接智多星热点,点击"连接控制器"时总提示适配器连接失败。

解决方法:

①先点击"断开控制器"后,再次点击"连接控制器"。

②检查 IP 设置是否为"自动获取 IP 地址"。

③智多星重新通电,重新输入连接密码。

问题六:适配器连接成功,与××控制器连接失败

解决方法:

①检查智多星与 ECU 的线束连接

潍柴国 III 使用 K 线连接(0BD16 口的 7 脚)应有 24V 电压;其他控制器使用 CAN 线连接(0BD16 口的 1 脚,9 脚)应有 2.5V 左右的电压。

②确保智多星能正常连接其他车辆时,在无法连接的车辆 ECU 接插件的地方将 CAN 线或 K 线引出连接到智多星 CAN、K 接口。

问题七:执行器测试时导致发动机转速升高。

解决方法:

①将发动机熄火并断开 ECU 电源后重新通电可恢复。

②执行器测试时发动机转速必须为 0。

问题八:ECU 刷写未完成时总提示刷写失败。

解决方法:

①关闭除智多星软件外的其他所有软件,包括 360 杀毒软件、QQ、百度极速下载等。

②将电脑尽量靠近智多星硬件。
③不离开软件界面,对 ECU 和智多星重新通电后再次刷写。

1. 技术标准与要求
(1)实验场地须清洁、安全。
(2)严格按操作规范进行操作。如要求使用专用工具,则必须满足此项要求。
(3)以 1 人为一个试验小组,能在 1h 内完成此项目。

2. 设备器材
(1)陕汽 f3000 重型载货汽车或潍柴 WP10 发动机试验台架。
(2)常用、专用工具。
(3)潍柴智多星诊断仪。
(4)棉纱等辅料。

3. 操作步骤
(1)将智多星诊断软件安装在笔记本电脑上,如图 10-3-16 所示。

图 10-3-16　智多星诊断软件

(2)软件登录与系统注册。登录用户名:admin,登录密码:admin。将电脑连接网络,在系统配置页面中适配器型号选择潍柴智多星;在协议号框中填写服务站的签约协议号、适配器 SSID 号填写标贴上的 SSID。点击注册按钮完成注册。

(3)智多星连接。电脑连接智多星 Wifi 热点,如图 10-3-17 所示。连接时密码为 SSID 后五位。

(4)连接发动机控制器。进入控制器界面(以国 IV 柴油机为例),点击首页"柴油机控制器",选中"潍柴国 IV"进入,点击"连接控制器"完成连接。

(5)读取故障代码。读出发动机故障代码,根据其描述快速定位故障原因。

(6)整车功能标定。进入整车功能标定界面,根据需要在软件界面关闭相应功能,生成 ini 文件并刷写 ini 文件,刷写完成后再清除故障代码。

图 10-3-17　连接智多星热点

任务评价

潍柴智多星诊断设备使用评价,见表 10-3-2。

潍柴智多星诊断设备应用评价表　　　　表 10-3-2

序号	内容及要求	评分	评 分 标 准	自评	组评	师评	得分
1	准备	10	1. 进入工位前,穿好工作服,保持穿着整齐(4 分); 2. 准备好相关实训材料(记录本、笔)(3 分); 3. 检查相关配套实训资料(维修手册、使用说明书等)(3 分)				
2	清洁	5	按要求清理工位,保持周边环境清洁				
3	专用设备与工具准备	5	按要求检查设备、工具数量和完好程度等				
4	将智多星诊断软件安装在笔记本电脑上	10	工具使用正确,操作规范,操作流程完整				

续上表

序号	内容及要求	评分	评分标准	自评	组评	师评	得分
5	软件登录与系统注册,登录智多星软件并完成注册	10	工具使用正确,操作规范,操作流程完整				
6	智多星连接,电脑连接智多星 Wifi 热点,连接时密码为 SSID 后五位	10	工具使用正确,操作规范,操作流程完整				
7	连接发动机控制器,点击"连接控制器"并完成连接	10	工具使用正确,操作规范,操作流程完整				
8	读出发动机故障代码,根据其描述快速定位故障原因	10	工具使用正确,操作规范,操作流程完整				
9	进入整车功能标定界面,根据需要在软件界面关闭相应功能,生成 ini 文件并刷写 ini 文件,刷写完成后再清除故障代码	10	工具使用正确,操作规范,操作流程完整				
10	结论	10	操作过程正确、完整,能够正确回答老师提问				
11	安全文明生产	10	结束后清洁(5分); 工量具归位(5分)				

指导教师总体评价:

指导教师 _____
____年____月____日

练一练

一、单项选择题

1. 将智多星硬件与汽车 OBD16 接口连接,此时( )电源指示灯亮。
   A. 绿色　　　　　B. 红色　　　　　C. 黄色　　　　　D. 蓝色
2. 数据流存储文件需使用( )打开。
   A. Word　　　　　B. PPT　　　　　C. Excel 2007　　　　　D. WPS
3. ( )展示发动机当前的工况信息,用于分析定位发动机故障。

A. 故障代码 B. 数据流存储及回放
C. ini 文件 D. 执行器指令

4. 潍柴国Ⅳ发动机读取数据流时需保证发动机转速为( )。

A. 0 B. 怠速 C. 快怠速 D. 匀速

5. ECU 数据刷写更换 ECU 或升级数据时用来( )。

A. 删除故障代码 B. 增加测试功能
C. 删除垃圾文件 D. 更新 ECU 内部的程序

二、多项选择题

1. 软件及新版本获取方式( )。

A. 当地办事处
B. 维修厂
C. 通过智多星软件的检查更新功能下载
D. 生产厂家

2. V2.10 版软件解压缩后有( )文件。

A. 发动机技术参数 B. 潍柴智多星.exe
C. 安装环境文件夹 D. 使用说明.ppt

3. 潍柴智多星由( )组成。

A. 智多星硬件 B. 发动机性能参数
C. 电脑版诊断软件 D. 手机版诊断软件

4. 潍柴智多星具备( )功能。

A. 读取系统信息,读、清故障代码,读数据流
B. 提供发动机性能参数
C. 读取系统信息,读、清故障代码,读数据流
D. 读取系统信息,读、清故障代码,读数据流

5. 故障码维修指引从( )等方面提供维修帮助。

A. 故障原因 B. 故障影响 C. 常见原因 D. 排查方法

三、判断题

1. 通过读出发动机故障代码,根据其描述可以快速定位故障原因。 ( )

2. 故障维修完成后必须清除 ECU 存储的故障代码,可根据清除后一段时间内故障代码是否复现来判断故障是否排除。 ( )

3. 检测条件:潍柴自主 WISE 清故障代码时发动机转速需为怠速。 ( )

4. 安装后智多星软件仍无法启动,说明操作系统部分损坏,需重装电脑操作系统。
( )

5. 执行器测试时导致发动机转速降低。 ( )

四、分析题

1. 如何解决电脑找不到智多星热点问题?
2. 如何解决适配器连接成功,与××控制器连接失败问题?
3. 如何解决 ECU 刷写未完成时总提示刷写失败问题?

模块小结

本模块主要讲述发动机故障诊断,主要内容是发动机常见故障诊断,发动机后处理系统故障诊断,潍柴智多星软件测试设备故障诊断。通过对本模块的学习,基本掌握发动机无法起动或起动困难时,从进气系统、燃油系统和电子控制系统方面分析故障原因,进行故障排查方法;掌握对车用传感器和执行元件进行相应的参数检查和线路检查方法。掌握后处理系统主要部件故障现象、故障原因分析及排查方法。了解并掌握通用工具和专用测量工具功能和使用方法。

参 考 文 献

[1] 李景芝,万征.中职汽修专业师资培训教程[M].北京:高等教育出版社,2009.
[2] 冉广仁,薛伟.汽车维修检验[M].北京:北京出版社,2015.
[3] 司景萍,高志鹰.汽车电器及电子控制技术[M].北京:北京大学出版社,2011.
[4] 冉广仁,王新.汽车检测与维修技术[M].北京:中国水利水电出版社,2010.
[5] WP10柴油机使用维修手册.
[6] 赵英勋.汽车检测与维修技术[M].北京:机械工业出版社,2011.
[7] 凌永成,赵海波.汽车维修技术与设备[M].北京:北京大学出版社,2008.
[8] 冯晋祥.汽车构造[M].北京:人民交通出版社,2007.
[9] 高维,强爱民.现代汽车故障诊断与检测技术项目化教程[M].青岛:中国海洋大学出版社,2011.
[10] 谭本忠.汽车维修数据自查手册[M].北京:机械工业出版社,2010.
[11] 郑劲,张子成.汽车构造与维修[M].北京:化学工业出版社,2010.